CADERNO DE ESTUDOS

conecte LIVE

Matemática

CIÊNCIA E APLICAÇÕES

GELSON IEZZI
Engenheiro metalúrgico pela Escola Politécnica da Universidade de São Paulo.
Licenciado em Matemática pelo Instituto de Matemática e Estatística da Universidade de São Paulo.
Ex-professor da Pontifícia Universidade Católica de São Paulo.
Ex-professor da rede particular de ensino de São Paulo.

OSVALDO DOLCE
Engenheiro civil pela Escola Politécnica da Universidade de São Paulo.
Ex-professor da rede pública do Estado de São Paulo.
Ex-professor de cursos pré-vestibulares.

DAVID DEGENSZAJN
Licenciado em Matemática pelo Instituto de Matemática e Estatística da Universidade de São Paulo.
Professor da rede particular de ensino de São Paulo.

ROBERTO PÉRIGO
Licenciado e bacharel em Matemática pela Pontifícia Universidade Católica de São Paulo.
Ex-professor da rede particular de ensino.
Ex-professor de cursos pré-vestibulares em São Paulo.

NILZE DE ALMEIDA
Mestra em Ensino de Matemática pela Pontifícia Universidade Católica de São Paulo.
Licenciada em Matemática pelo Instituto de Matemática e Estatística da Universidade de São Paulo.
Professora da rede pública do Estado de São Paulo.

1

Editora Saraiva

Editora Saraiva

Direção geral: Guilherme Luz
Direção editorial: Luiz Tonolli e Renata Mascarenhas
Gestão de projeto editorial: Viviane Carpegiani
Gestão e coordenação de área: Julio Cesar Augustus de Paula Santos e Juliana Grassmann dos Santos
Edição: Thais Bueno de Moura
Gerência de produção editorial: Ricardo de Gan Braga
Planejamento e controle de produção: Paula Godo, Roseli Said e Marcos Toledo
Revisão: Hélia de Jesus Gonsaga (ger.), Kátia Scaff Marques (coord.), Rosângela Muricy (coord.), Ana Maria Herrera, Carlos Eduardo Sigrist, Celina I. Fugyama, Daniela Lima, Hires Heglan, Lilian M. Kumai, Luís M. Boa Nova, Maura Loria, Patrícia Travanca, Raquel A. Taveira, Amanda Teixeira Silva e Bárbara de M. Genereze (estagiárias)
Arte: Daniela Amaral (ger.), André Gomes Vitale (coord.) e Claudemir Camargo Barbosa (edição de arte)
Diagramação: Setup
Iconografia: Sílvio Kligin (ger.), Roberto Silva (coord.), Douglas Robinson Cometti (pesquisa iconográfica)
Licenciamento de conteúdos de terceiros: Thiago Fontana (coord.), Flavia Zambon (licenciamento de textos), Erika Ramires, Luciana Pedrosa Bierbauer, Luciana Cardoso Sousa e Claudia Rodrigues (analistas adm.)
Tratamento de imagem: Cesar Wolf e Fernanda Crevin
Design: Gláucia Correa Koller (ger.), Erika Yamauchi Asato, Filipe Dias (proj. gráfico) e Adilson Casarotti (capa)
Composição de capa: Segue Pro
Foto de capa: Look Studio/Shutterstock, WhiteMocca/Shutterstock

Avenida das Nações Unidas, 7221, 1º andar, Setor A – Espaço 2 – Pinheiros – SP – CEP 05425-902
SAC 0800 011 7875
www.editorasaraiva.com.br

2023
Código da obra CL 800850
CAE 627933 (AL) / 627934 (PR)
3ª edição
10.ª impressão

Impressão e acabamento: EGB Editora Gráfica Bernardi Ltda.

Uma publicação SOMOS EDUCAÇÃO

Apresentação

Caro estudante,

Este material foi elaborado especialmente para você, estudante do Ensino Médio que está se preparando para ingressar no Ensino Superior.

Além de todos os recursos do Conecte LIVE, como material digital integrados ao livro didático, banco de questões, acervo de simulados e trilhas de aprendizagem, você tem à sua disposição este Caderno de Estudos que o ajudará a se qualificar para as provas do Enem e de diversos vestibulares do Brasil.

O material foi estruturado para que você consiga utilizá-lo autonomamente, em seus estudos individuais além do horário escolar, ou sob orientação de seu professor, que poderá lhe sugerir atividades complementares às dos livros.

Para cada ano do Ensino Médio, há um Caderno de Estudos com uma revisão completa dos conteúdos correspondentes, atividades de aplicação imediata dos conceitos trabalhados e grande seleção de questões de provas oficiais que abordam esses temas.

No Caderno de Estudos do 3º ano, há ainda um material complementar com o qual, ao terminar de se dedicar aos conteúdos destinados a esse ano escolar, você poderá se planejar para uma retomada final do Ensino Médio! Revisões estruturadas de todos os conteúdos desse ciclo são acompanhadas de simulados, propostos para que você os resolva como se realmente estivesse participando de uma prova oficial de vestibular ou do Enem, de maneira que consiga fazer um bom uso do seu tempo.

Desejamos que seus estudos corram bem e que você tenha sucesso **Rumo ao Ensino Superior**!

Equipe Conecte LIVE!

Conheça este Caderno de Estudos

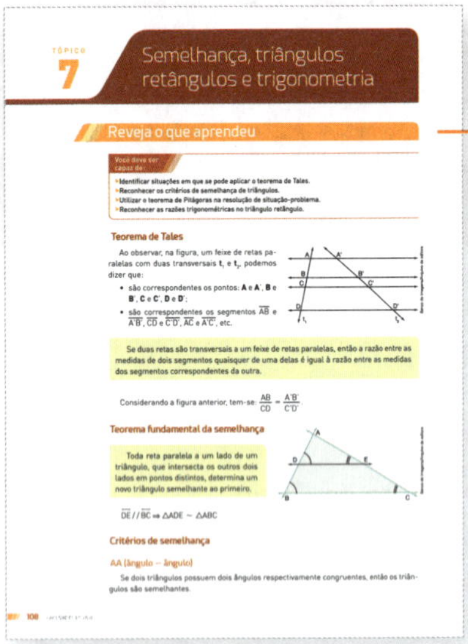
TÓPICO 7

Semelhança, triângulos retângulos e trigonometria

Reveja o que aprendeu

Teorema de Tales

Teorema fundamental da semelhança

Critérios de semelhança

Reveja o que aprendeu

Nesta seção, os principais conceitos de cada tópico de conteúdo do livro são apresentados de maneira resumida, para que você tenha a oportunidade de, sempre que desejar, retomar aprendizagens que vem construindo ao longo do primeiro ano do Ensino Médio.

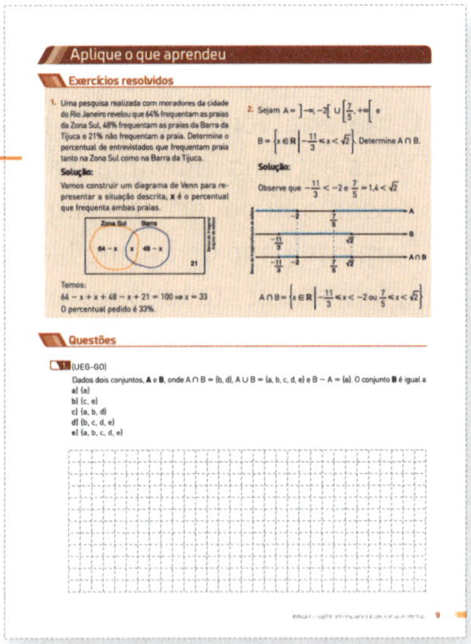
Aplique o que aprendeu

Exercícios resolvidos

Questões

Aplique o que aprendeu

Depois de retomar os conceitos no **Reveja o que aprendeu**, é o momento de aplicar esses conceitos resolvendo atividades. A seção se inicia com **Exercícios resolvidos**, que trarão uma solução detalhada de uma questão. Em seguida, haverá uma seleção de atividades para você resolver. Ao final da seção, registre a quantidade de acertos que você teve em relação ao total de atividades. Se o seu desempenho estiver aquém de suas expectativas, verifique em quais páginas do seu livro-texto os conceitos são trabalhados e procure retomá-los, individualmente ou em grupos de estudo, dedicando mais tempo para se aprofundar neles.

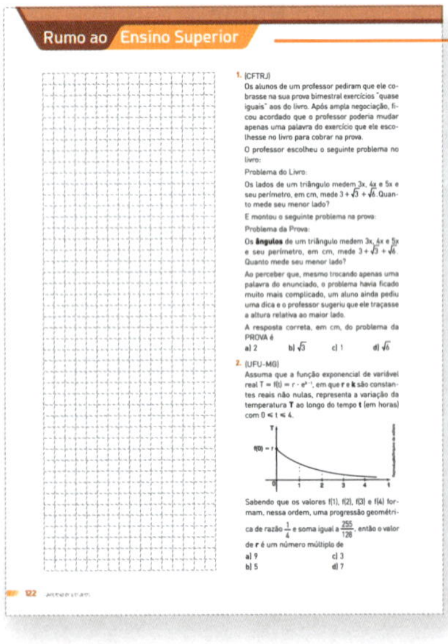
Rumo ao Ensino Superior

Rumo ao Ensino Superior

Esta seção apresenta uma seleção de atividades que envolvem conteúdos estudados ao longo de todo o primeiro ano do Ensino Médio. Você encontrará questões do Enem e de diferentes vestibulares do Brasil.

Sumário

Já revi este conteúdo — Já apliquei este conteúdo

TÓPICO

1

Noções de conjuntos e conjuntos numéricos

Reveja o que aprendeu

Você deve ser capaz de:

- Compreender o conceito de conjunto numérico.
- Identificar os conjuntos numéricos e realizar operações entre eles.
- Definir intervalos e conjunto solução nos conjuntos numéricos.

Conceitos relativos a conjuntos

A interseção entre dois conjuntos é definida por:

$$A \cap B = \{x \mid x \in A \text{ e } x \in B\}$$

↓

interseção

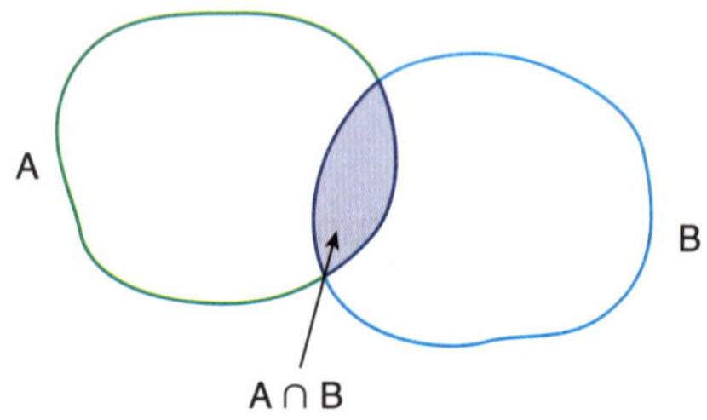

Banco de imagens/Arquivo da editora

A união entre dois conjuntos é definida por:

$$A \cup B = \{x \mid x \in A \text{ ou } x \in B\}$$

↓

união

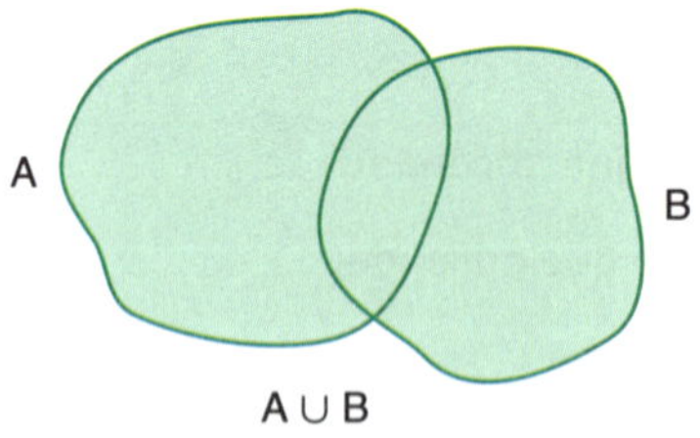

Banco de imagens/Arquivo da editora

O número de elementos de um conjunto **x** é indicado por n(x). Temos:

$$n(A \cup B) = n(A) + n(B) - n(A \cap B)$$

A diferença entre dois conjuntos é definida por:

$$A - B = \{x \mid x \in A \text{ e } x \notin B\}$$

↓

diferença entre **A** e **B**

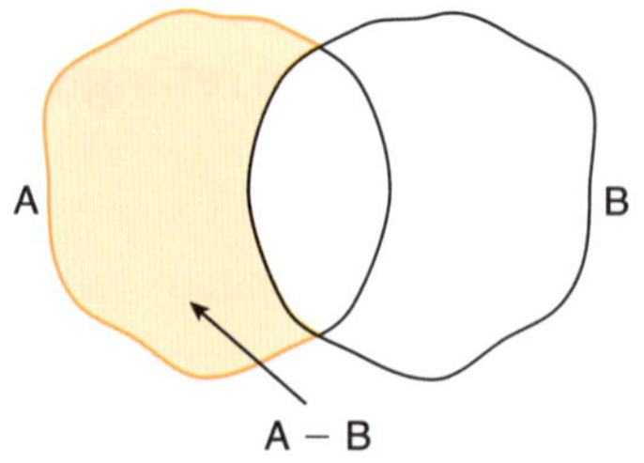

Banco de imagens/Arquivo da editora

Se $B \subset A$, o conjunto $A - B$ é chamado **complementar de B** em relação a **A**.

Indica-se: $\complement_A^B = A - B$, se $B \subset A$

Sendo **A** um subconjunto de um conjunto universo **U**, então $\complement_U^A = U - A$ pode ser representado pelo símbolo $\overline{A}$, que se lê "**A** barra".

Assim, $\overline{A} = \complement_U^A = U - A$.

- **A** é subconjunto de **B** (indica-se: $A \subset B$) se todo elemento de **A** também é elemento de **B**.
- Se um conjunto **x** tem **n** elementos, ele possui 2^n subconjuntos.

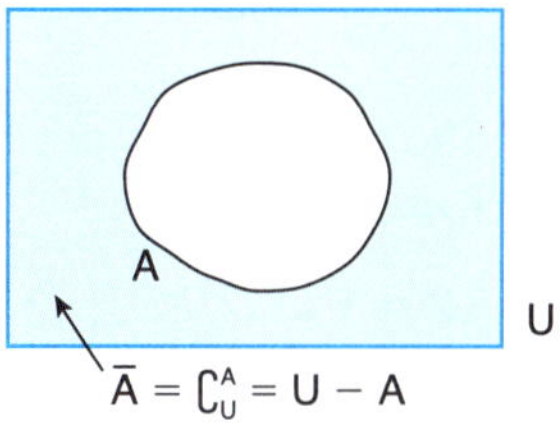

Banco de imagens/Arquivo da editora

Conjuntos numéricos

Naturais ($\mathbb{N}$)

$$\mathbb{N} = \{0, 1, 2, 3, ...\}$$

Inteiros ($\mathbb{Z}$)

$$\mathbb{Z} = \{..., -3, -2, -1, 0, 1, 2, 3, ...\}$$

Racionais ($\mathbb{Q}$)

$\mathbb{Q}$ é inicialmente descrito como o conjunto dos quocientes entre dois números inteiros. Por exemplo, são números racionais:

$$0,\ \pm 1,\ \pm\frac{1}{2},\ \pm\frac{1}{3},\ \pm 2,\ \pm\frac{2}{3},\ \pm\frac{2}{5}, \text{ etc.}$$

Podemos escrever, de modo mais simplificado:

$$\mathbb{Q} = \left\{\frac{p}{q} \;\middle|\; p \in \mathbb{Z} \text{ e } q \in \mathbb{Z}^*\right\}$$

Representação decimal das frações

Dado um número racional $\frac{p}{q}$ na forma irredutível, ao dividirmos **p** por **q** podem ocorrer dois casos:

1º) Decimais exatos

Exemplos:

$$\frac{2}{5} \rightarrow \begin{array}{r|l} 2 & 5 \\ 20 & 0{,}4 \\ 0 & \end{array};\ \frac{2}{5} = 0{,}4 \qquad \frac{35}{4} \rightarrow \begin{array}{r|l} 35 & 4 \\ 30 & 8{,}75 \\ 20 & \\ 0 & \end{array};\ \frac{35}{4} = 8{,}75$$

Inversamente, temos os exemplos:

$$1{,}75 = \frac{175}{100} = \frac{7}{4};\quad -3{,}2 = \frac{-32}{10} = -\frac{16}{5};\quad 0{,}001 = \frac{1}{1000}$$

2º) Dízimas periódicas

Exemplos:

$$\frac{2}{3} \rightarrow \begin{array}{r|l} 2 & 3 \\ 20 & 0{,}6666... \\ 20 & \\ 2 & \end{array};\ \frac{2}{3} = 0{,}6666... = 0{,}\overline{6};\qquad \frac{167}{66} = 2{,}53030... = 2{,}5\overline{30}$$

Inversamente, temos o exemplo:

Com a dízima $z = 0{,}\overline{96}$, consideramos $100z = 96{,}\overline{96}$ e subtraímos membro a membro:

$$100z - z = 96{,}\overline{96} - 0{,}\overline{96}$$

$$99z = 96 \Rightarrow z = \frac{96}{99} = \frac{32}{33}$$

Irracionais ($\mathbb{I}$)

São os números decimais que possuem representação infinita não periódica.
Exemplos:

$\sqrt{2} = 1{,}4142135...$; $\sqrt{3} = 1{,}7320508...$; $\pi = 3{,}141592...$; $e = 2{,}7182818...$; $\sqrt[4]{2} = 1{,}189207114...$

É comum aproximar números irracionais a números racionais. Por exemplo, o número irracional π pode ser aproximado aos números racionais 3,1; 3,14; $\frac{22}{7}$; 3,2; 3; etc.

Escrevemos: $\pi \simeq 3{,}1$; $\pi \simeq 3{,}14$, e assim por diante.

Reais ($\mathbb{R}$)

$\mathbb{R} = \mathbb{Q} \cup \mathbb{I}$, sendo $\mathbb{Q} \cap \mathbb{I} = \varnothing$

Se um número real é racional, não é irracional, e vice-versa.

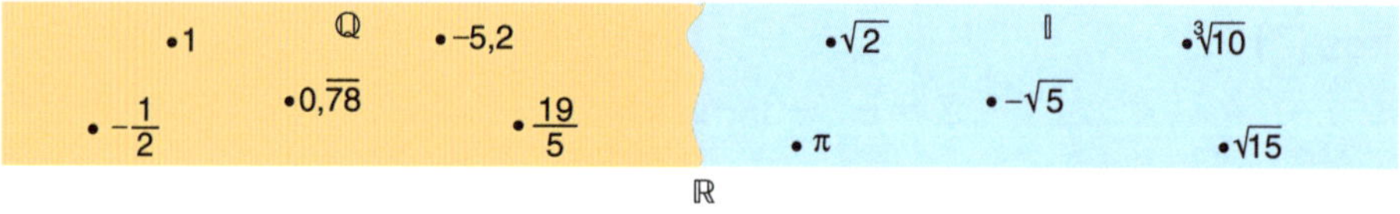

Temos: $\mathbb{N} \subset \mathbb{Z} \subset \mathbb{Q} \subset \mathbb{R}$ e $\mathbb{I} \subset \mathbb{R}$

- o conjunto dos números reais não negativos:

$$\mathbb{R}_+ = \{x \in \mathbb{R} \mid x \geqslant 0\}$$

- o conjunto dos números reais não nulos:

$$\mathbb{R}^* = \{x \in \mathbb{R} \mid x \neq 0\} = \mathbb{R} - \{0\}$$

- o conjunto dos números reais positivos:

$$\mathbb{R}_+^* = \{x \in \mathbb{R} \mid x > 0\}$$

- o conjunto dos números reais não positivos:

$$\mathbb{R}_- = \{x \in \mathbb{R} \mid x \leqslant 0\}$$

- o conjunto dos números reais negativos:

$$\mathbb{R}_-^* = \{x \in \mathbb{R} \mid x < 0\}$$

Oposto, módulo e inverso de um número real

Exemplos:

- O oposto de $\frac{3}{4}$ é $-\frac{3}{4}$; o oposto de $\sqrt{5}$ é $-\sqrt{5}$;
- $|-3| = 3$; $|3| = 3$; $|-\pi| = |\pi| = \pi$;
- O inverso de $-\frac{7}{5}$ é $-\frac{5}{7}$; o inverso de 3 é $\frac{1}{3}$;
- O inverso de $\sqrt{2}$ é $\frac{1}{\sqrt{2}} = \frac{\sqrt{2}}{2}$, pois $\sqrt{2} \cdot \frac{\sqrt{2}}{2} = 1$.

Intervalos reais

São subconjuntos de $\mathbb{R}$ determinados por desigualdades.
Exemplos:

- $]3, 5[= \{x \in \mathbb{R} \mid 3 < x < 5\}$
- $]-\infty, 3] = \{x \in \mathbb{R} \mid x \leqslant 3\}$
- $]3, +\infty] = \{x \in \mathbb{R} \mid x > 3\}$

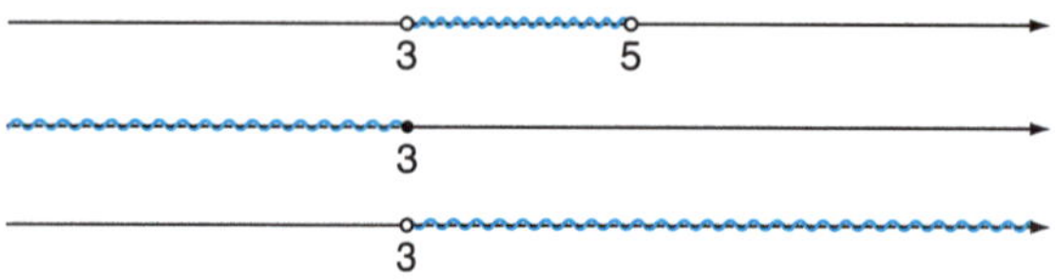

Aplique o que aprendeu

Exercícios resolvidos

1. Uma pesquisa realizada com moradores da cidade do Rio Janeiro revelou que 64% frequentam as praias da Zona Sul, 48% frequentam as praias da Barra da Tijuca e 21% não frequentam a praia. Determine o percentual de entrevistados que frequentam praia tanto na Zona Sul como na Barra da Tijuca.

Solução:

Vamos construir um diagrama de Venn para representar a situação descrita, **x** é o percentual que frequenta ambas praias.

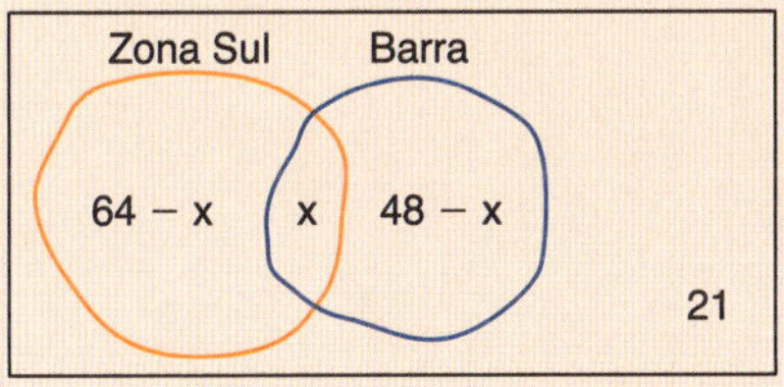

Banco de imagens/ Arquivo da editora

Temos:

$64 - x + x + 48 - x + 21 = 100 \Rightarrow x = 33$

O percentual pedido é 33%.

2. Sejam $A = \left]-\infty, -2\right[\cup \left[\frac{7}{5}, +\infty\right[$ e $B = \left\{x \in \mathbb{R} \mid -\frac{11}{3} \leq x < \sqrt{2}\right\}$. Determine $A \cap B$.

Solução:

Observe que $-\frac{11}{3} < -2$ e $\frac{7}{5} = 1{,}4 < \sqrt{2}$

Banco de imagens/Arquivo da editora

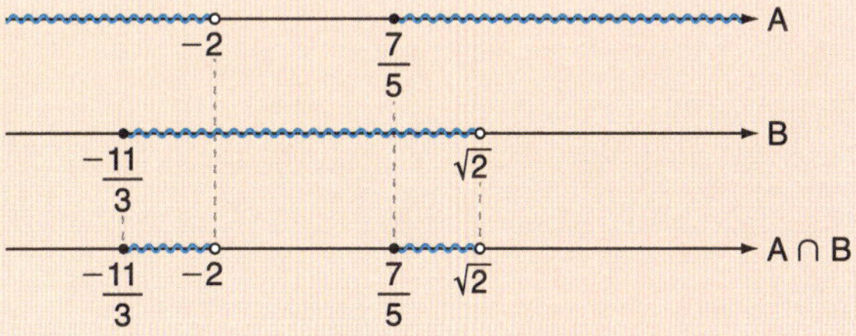

$A \cap B = \left\{x \in \mathbb{R} \mid -\frac{11}{3} \leq x < -2 \text{ ou } \frac{7}{5} \leq x < \sqrt{2}\right\}$

Questões

1. (UEG-GO)

Dados dois conjuntos, **A** e **B**, onde $A \cap B = \{b, d\}$, $A \cup B = \{a, b, c, d, e\}$ e $B - A = \{a\}$. O conjunto **B** é igual a

a) {a}
b) {c, e}
c) {a, b, d}
d) {b, c, d, e}
e) {a, b, c, d, e}

2. (UEFS-BA)

Em um grupo de 30 jovens, 2 já assistiram a todos os filmes **X**, **Y** e **Z**, e 10 ainda não viram nenhum. Dos 14 que viram **Y**, 5 também assistiram a **X**, e 6 também viram **Z**. Ao todo, 11 jovens assistiram a **X**.

Com base nessas informações, é correto concluir que, nesse grupo,

a) ninguém assistiu apenas a **X**.

b) ninguém assistiu apenas a **Z**.

c) alguém assistiu a **Z**, mas não viu **Y**.

d) nem todos os que assistiram a **Z** viram **Y**.

e) todos os que assistiram a **X** também viram **Z**.

3. (IME-SP)

Dados três conjuntos quaisquer **F**, **G** e **H**. O conjunto G − H é igual ao conjunto:

a) $(G \cup F) - (F - H)$

b) $(G \cup F) - (H - F)$

c) $(G \cup (H - F)) \cap \overline{H}$

d) $(\overline{G} \cup (H \cap F))$

e) $(\overline{H} \cap G) \cap (G - F)$

4. (Feevale-RS)

A Matemática possui uma linguagem própria, uma notação para ser lida universalmente.
Em relação aos conjuntos $A = \{x \in \mathbb{R} \mid 1 < x < 10\}$, $B = \{x \in \mathbb{Z} \mid 5 < x < 10\}$ e $C = \{x \in \mathbb{N} \mid x < 3\}$, fazem-se as seguintes afirmações.

I. O conjunto $(A \cup B \cup C)$ possui infinitos elementos.
II. O conjunto $\complement_A^B$ possui infinitos elementos.
III. O conjunto $(B \cap C)$ não possui elementos.

Marque a alternativa correta.

a) Apenas a afirmação I está correta.
b) Apenas a afirmação II está correta.
c) Apenas a afirmação III está correta.
d) Apenas as afirmações I e II estão corretas.
e) Todas as afirmações estão corretas.

5. (Udesc)

Joana leciona quatro disciplinas em uma instituição de ensino: C1, C2, A1 e A2, sendo que um aluno só pode cursar C2 se já tiver sido aprovado em C1 e só pode cursar A2 se já tiver sido aprovado em A1. Sabe-se que em cada uma das disciplinas há exatamente 40 matriculados. 20% dos matriculados em A1 cursam apenas A1; 30% dos matriculados em C1 cursam apenas C1 e 40% dos matriculados em A2 cursam apenas A2; o número de matriculados em A1 e C1 é igual ao dobro do número de matriculados somente em C2; o número de matriculados somente em C2 é igual a um terço da soma do número de matriculados somente nas disciplinas A1, A2 e C1.
Analise as proposições em relação às informações, e assinale (V) para verdadeira e (F) para falsa.

( ) A professora tem 104 alunos distintos.
( ) 40 alunos estão matriculados em exatamente duas disciplinas lecionadas pela professora Joana.
( ) 48 dos alunos estão matriculados somente em uma disciplina com a professora Joana.

Assinale a alternativa que contém a sequência **correta**, de cima para baixo.

a) V – F – V
b) V – V – V
c) V – F – F
d) F – F – F
e) F – V – V

6. (UFPA)

Em uma turma de cinquenta alunos de Medicina, há dezoito cursando Anatomia, quinze cursando Citologia e treze cursando Biofísica. Seis alunos cursam simultaneamente Anatomia e Citologia, cinco cursam simultaneamente Citologia e Biofísica e quatro cursam simultaneamente Anatomia e Biofísica. Dezesseis alunos não cursam nenhuma destas disciplinas.

O número de alunos que cursam, simultaneamente, exatamente duas disciplinas é

a) 31.
b) 15.
c) 12.
d) 8.
e) 6.

7. (Ifsul-RS)

Dados os conjuntos $A = \{x \in \mathbb{R} \mid -5 < x < 8\}$ e $B = \{x \in \mathbb{R} \mid -1 < x < 4\}$, então $A - B$ é

a) $[-5, 1] \subset [4, 8]$
b) $(-5, 1) \subset (4, 8)$
c) $[-5, 1] \subset (4, 8)$
d) $[-5, 1] \subset [4, 8)$

8. (IFCE)

A quantidade de subconjuntos **X** que satisfazem a inclusão $\{1, 2\} \subset X \subset \{1, 2, 3, 4\}$ é

a) 4.
b) 5.
c) 3.
d) 2.
e) 1.

9. (PUC-PR)

As afirmações a seguir são verdadeiras:
Todo maratonista gosta de correr na rua.
Existem maratonistas que são pouco disciplinados.
Dessa forma, podemos afirmar que:

a) Algum maratonista pouco disciplinado não gosta de correr na rua.
b) Algum maratonista disciplinado não gosta de correr na rua.
c) Todo maratonista que gosta de correr na rua é pouco disciplinado.
d) Todo maratonista pouco disciplinado não gosta de correr na rua.
e) Algum maratonista que gosta de correr na rua é pouco disciplinado.

10. (UEPG-PR)

Interessado em lançar os modelos **A**, **B** e **C** de sandálias, em uma determinada região do estado, foi realizada uma pesquisa sobre a preferência de compra dos moradores, a qual apresentou os seguintes resultados:

– 600 moradores comprariam apenas o modelo **A**;
– 1 000 moradores comprariam apenas o modelo **B**;
– 1 400 moradores comprariam apenas o modelo **C**;
– 100 moradores comprariam apenas os modelos **A** e **B**;
– 200 moradores comprariam apenas os modelos **A** e **C**;
– 300 moradores comprariam apenas os modelos **B** e **C**;
– 100 moradores comprariam qualquer um dos três modelos;
– 1 300 moradores não comprariam nenhum dos três modelos.

A partir do que foi exposto, assinale o que for correto.

01) O modelo **A** tem a preferência de menos que 17% dos moradores.
02) 70% dos moradores não comprariam o modelo **B**.
04) 14% dos moradores comprariam pelo menos dois dos modelos oferecidos.
08) Mais do que 50% dos moradores não comprariam os modelos **A** ou **C**.
16) O modelo **C** é o de maior preferência.

11. (IFCE)

Os conjuntos **X** e **Y** são tais que X = {2, 3, 4, 5} e X ∪ Y = {1, 2, 3, 4, 5, 6}. É necessariamente verdade que

a) {1, 6} ⊂ Y.
b) Y = {1,6}.
c) X ⊂ Y = {2, 3, 4, 5}.
d) X ⊂ Y.
e) 4 ∈ Y.

12. (IFPE)

Com o objetivo de realizar um levantamento sobre o número de professores afastados para cursos de capacitação do *campus* Vitória de Santo Antão, verificou-se que, de um total de 88 professores na instituição,
45 professores lecionam no Ensino Integrado;
35 professores lecionam no Ensino Superior;
30 professores lecionam no Ensino Subsequente;
15 professores lecionam no Integrado e Superior;
10 professores lecionam no Integrado e Subsequente;
10 professores lecionam no Superior e Subsequente;
5 professores lecionam no Integrado, Superior e Subsequente.
Sabe-se que o *campus* Vitória de Santo Antão apenas oferece essas três modalidades de ensino e que todos os professores que não estão afastados lecionam em, pelo menos, uma das três modalidades. Com base nestas informações, conclui-se que o número de professores que não estão lecionando em nenhuma das três modalidades por estarem afastados para curso de capacitação é

a) 20 b) 16 c) 12 d) 8 e) 10

13. (FGV-RJ)

Em uma pesquisa para estudar a incidência de três fatores de risco (**A**, **B** e **C**) para doenças cardíacas em homens, verificou-se que, do total da população investigada,
15% da população apresentava apenas o fator **A**;
15% da população apresentava apenas o fator **B**;
15% da população apresentava apenas o fator **C**;
10% da população apresentava apenas os fatores **A** e **B**;
10% da população apresentava apenas os fatores **A** e **C**;
10% da população apresentava apenas os fatores **B** e **C**;
em 5% da população os três fatores de risco ocorriam simultaneamente.

Da população investigada, entre aqueles que não apresentavam o fator de risco **A**, a porcentagem dos que não apresentavam nenhum dos três fatores de risco é, aproximadamente,

a) 20%.
c) 25%.
e) 33%.
b) 50%.
d) 66%.

14. (Ifal)

A Lógica estuda a valorização das sentenças e suas relações, e muitas vezes usa a simbologia dos conjuntos para expressar essa linguagem. Por exemplo: sejam o conjunto dos jogadores de futebol e o conjunto dos atletas, denotados por **F** e **A**, respectivamente. A sentença lógica "TODO JOGADOR DE FUTEBOL É ATLETA" significa que para qualquer elemento $X \in F$, tem-se também que $X \in A$. Representamos simbolicamente por $F \subset A$, ou seja, o conjunto **F** está contido no conjunto **A**.
Posto isto, a simbologia $F \not\subset A$ expressa corretamente pela lógica que

a) nenhum jogador de futebol é atleta.
b) todo atleta é jogador de futebol.
c) existe jogador de futebol que é atleta.
d) existe atleta que não é jogador de futebol.
e) existe jogador de futebol que não é atleta.

15. (UEM-PR)

Sendo **A** um subconjunto de $\mathbb{R}$ a função característica de **A** é a função $f_A: \mathbb{R} \rightarrow \mathbb{R}$, definida por $f_A(x) = 1$, se $x \in A$, e $f_A(x) = 0$, se $x \notin A$.

Assinale o que for **correto**.

01) $f_{\mathbb{Q}}\left(\sqrt{2}\right) = 0$.

02) Se **A** e **B** são subconjuntos de $\mathbb{R}$ tais que $A \cap B = \varnothing$, então para todo $x \in \mathbb{R}$, $f_{A \cap B}(x) = f_A(x) + f_B(x)$.

04) A função característica de qualquer subconjunto de $\mathbb{R}$ é sobrejetora.

08) Se **A** e **B** são subconjuntos de $\mathbb{R}$ então para todo $x \in \mathbb{R}$, $f_{A \cap B}(x) = f_A(x)f_B(x)$.

16) Em um sistema de coordenadas cartesianas ortogonais, o gráfico de $f_{\mathbb{R}}$ é uma horizontal.

16. (Uece)

Dados os números racionais $\frac{3}{7}, \frac{5}{6}, \frac{4}{9}$ e $\frac{3}{5}$ a divisão do menor deles pelo maior é igual a

a) $\frac{27}{28}$.

b) $\frac{18}{25}$.

c) $\frac{18}{35}$.

d) $\frac{20}{27}$.

17. (IFSP)

No dia 11 de novembro de 2015, o *site* do Banco Central do Brasil indicava que a taxa de câmbio para a compra do dólar era de R$ 3,7409. Nesse dia, Carlos precisou comprar dólares e pagou a taxa de câmbio indicada pelo Banco Central. Se ele tinha, ao todo, R$ 1 500,00 para realizar essa compra e comprou a maior quantidade inteira de dólares que foi possível, então é verdade que do valor que ele tinha disponível lhe sobrou:

a) R$ 0,26.

b) R$ 3,48.

c) R$ 0,10.

d) R$ 2,45.

e) R$ 3,64.

18. (CFTMG)

Sobre os números racionais $\frac{1}{11}$, $\frac{7}{33}$ e $\frac{14}{55}$, é correto afirmar que

a) apenas dois desses números, em sua forma decimal, são representados por dízimas periódicas.

b) apenas um desses números, em sua forma decimal, é representado por uma dízima periódica simples.

c) os três números, em sua forma decimal, podem ser representados por dízimas periódicas tais que o período de cada uma delas é um número primo.

d) os três números, em sua forma decimal, podem ser representados por dízimas periódicas tais que o período de cada uma delas é um número divisível por 3.

19. (UEM-PR)

Sobre teoria dos conjuntos, assinale a(s) alternativa(s) correta(s).

01) Se $A \subset B$ então $B^c \subset A^c$.

02) Dado um elemento **x** irracional, então $x \in \mathbb{Q}^c$.

04) Para todo $x \in (A \subset B)^c$, temos $x \in A^c \subset B^c$.

08) $\mathbb{R} \neq \mathbb{N}^* \cup \mathbb{Z}^c \cup \mathbb{Q}$

16) Para todo $a, b \in \mathbb{R}$ com $b \neq 0$, temos $\frac{a}{b} \in \mathbb{Q}$.

20. (CFTMG)

Considere os conjuntos **X** e **Y** definidos por

X = {X ∈ ℕ | **x** é múltiplo de 3} e Y = {y ∈ ℤ | **y** é divisor de 84}.

Sobre o conjunto A = X ∩ Y, é correto afirmar que

a) se n ∈ A então (−n) ∈ A.
b) o conjunto **A** possui 4 elementos.
c) o menor elemento do conjunto **A** é o zero.
d) o maior elemento do conjunto **A** é divisível por 7.

21. (MACK-SP)

Se A = {x ∈ ℕ | **x** é divisor de 60} e B = {x ∈ ℕ | 1 < x < 5}, então o número de elementos do conjunto das partes de A ∩ B é um número

a) múltiplo de 4 menor que 48.
b) primo, entre 27 e 33.
c) divisor de 16.
d) par, múltiplo de 6.
e) pertencente ao conjunto {x ∈ ℝ | 32 < x < 40}.

22. (Insper-SP)

Um bazar beneficente arrecadou R$ 633,00. Nenhum dos presentes contribuiu com menos de R$ 17,00, mas também ninguém contribuiu com mais de R$ 33,00. O número mínimo e o número máximo de pessoas presentes são, respectivamente, iguais a

a) 19 e 37. b) 20 e 37. c) 20 e 38. d) 19 e 38. e) 20 e 39.

23. (UEPA)

Leia o texto para responder à questão.

A produção de conhecimento que se materializa hoje nos currículos escolares é resultado dos estudos desenvolvidos e sistematizados ao longo de muitos anos. Um bom exemplo dessa realidade é o famoso teorema de Pitágoras, descrito como: *o quadrado da hipotenusa é igual à soma dos quadrados dos catetos* (BOYER, 2010). Estreitamente ligado ao Teorema de Pitágoras está o problema de encontrar *números inteiros* **a**, **b** e **c** distintos que possam representar os catetos e a hipotenusa de um triângulo retângulo, designado de *terno pitagórico*.

(Fonte: https://www.univates.br/bdu/bitstream/10737/281/1/GladisBortoli.pdf)

Considerando o texto e sendo $a = m$, $b = \dfrac{m^2 - 1}{2}$ e $c = \dfrac{m^2 + 1}{2}$, é correto afirmar que **a**, **b** e **c** constituem um terno pitagórico para qualquer:

a) número inteiro **m** positivo.
b) número inteiro **m** ímpar.
c) número inteiro **m** positivo e par.
d) número inteiro **m** par maior do que 1.
e) número inteiro **m** ímpar maior do que 1.

24. (UEG-GO)

Dados os conjuntos $A = \{x \in \mathbb{R} \mid -2 < x < 4\}$ e $B = \{x \in \mathbb{R} \mid x > 0\}$, a interseção entre eles é dada pelo conjunto

a) $\{x \in \mathbb{R} \mid 0 < x < 4\}$
b) $\{x \in \mathbb{R} \mid x > 0\}$
c) $\{x \in \mathbb{R} \mid x > \quad 2\}$
d) $\{x \in \mathbb{R} \mid x > 4\}$

25. (Epcar-MG)

Na reta dos números reais abaixo, estão representados os números **m**, **n** e **p**.

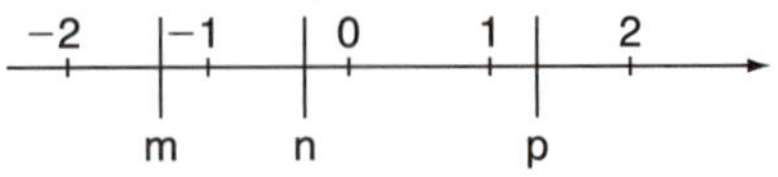

Analise as proposições a seguir e classifique-as em V (VERDADEIRA) ou F (FALSA).

( ) $\sqrt{\dfrac{m-n}{p}}$ não é um número real.

( ) $(p + m)$ pode ser um número inteiro.

( ) $\dfrac{p}{n}$ é, necessariamente, um número racional.

A sequência correta é

a) V – V – F

b) F – V – V

c) F – F – F

d) V – F – V

26. (Unioeste-PR)

Dentre as equações abaixo, qual NÃO possui solução com **x** e **y** inteiros?

a) $x^2 + y^2 = 1$.

b) $x^2 + y^2 = 2$.

c) $x^2 + y^2 = 3$.

d) $x^2 + y^2 = 4$.

e) $x^2 + y^2 = 5$.

27. (Enem)

Duas amigas irão fazer um curso no exterior durante 60 dias e usarão a mesma marca de xampu. Uma delas gasta um frasco desse xampu em 10 dias enquanto que a outra leva 20 dias para gastar um frasco com o mesmo volume. Elas combinam de usar, conjuntamente, cada frasco de xampu que levarem. O número mínimo de frascos de xampu que deverão levar nessa viagem é

a) 2.
b) 4.
c) 6.
d) 8.
e) 9.

28. (Uerj)

O proprietário de uma lanchonete vai ao supermercado comprar sardinha e atum enlatados. Cada lata de sardinha pesa 400 g e cada lata de atum, 300 g. Como sua bolsa de compras suporta até 6,5 kg, ele decide comprar exatamente 6 kg dessas latas. Sabe-se que foi comprada pelo menos uma lata de cada pescado. Determine o maior número possível de latas que o proprietário da lanchonete poderá comprar.

29. (Enem)

Deseja-se comprar lentes para óculos. As lentes devem ter espessuras mais próximas possíveis da medida 3 mm. No estoque de uma loja há lentes de espessuras: 3,10 mm; 3,021 mm; 2,96 mm; 2,099 mm e 3,07 mm.

Se as lentes forem adquiridas nessa loja, a espessura escolhida será, em milímetros, de

a) 2,099.
b) 2,96.
c) 3,021.
d) 3,07.
e) 3,10.

TOTAL DE ACERTOS ____ /29

TÓPICO

2

Função, função afim e função quadrática

Reveja o que aprendeu

Você deve ser capaz de:

- Compreender o conceito de função.
- Reconhecer uma função afim e uma função quadrática.
- Esboçar o gráfico de uma função.
- Determinar as raízes de uma função.
- Resolver inequações.

Noção intuitiva de função: relação entre duas grandezas

Em uma barraca de praia, em Fortaleza, vende-se água de coco ao preço de R$ 3,50 o copo. Para facilitar seu trabalho, o proprietário da barraca montou a tabela ao lado.

Quantidade de copos	Preço (R$)
1	3,50
2	7,00
3	10,50
4	14,00
5	17,50
6	21,00
7	24,50
8	28,00
9	31,50
10	35,00

Nesse exemplo, duas grandezas estão relacionadas: a quantidade de copos de água de coco e o respectivo preço. Cada quantidade de copos corresponde um único preço. Dizemos, por isso, que o preço é função da quantidade de copos. A fórmula (ou a lei) que estabelece a relação de interdependência entre preço (**y**), em reais, e o número de copos de água de coco (**x**) é:

$$y = 3{,}50 \cdot x$$

A noção de função como relação entre conjuntos

Sejam A = {−2, −1, 0, 1, 2} e B = {0, 1, 2, 3, 4, 5}, vamos associar a cada $x \in A$ o elemento $y \in B$ tal que $y = x^2$.

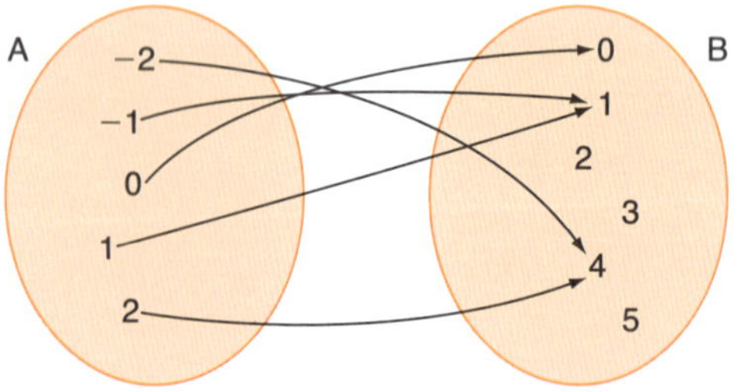

Banco de imagens/Arquivo da editora

Observe que a cada $x \in A$ corresponde um único $y \in B$.

Essa relação define uma função de **A** em **B**.

Indica-se: $f: A \to B$

Se, nessa função, $y \in B$ é a imagem de $x \in A$, indicamos: $y = f(x)$ (lê-se: **y** é igual a **f** de **x**)

No exemplo, temos: $f(-2) = 4$; $f(-1) = 1$; $f(0) = 0$; $f(1) = 1$ e $f(2) = 4$.

O conjunto **A** recebe o nome de **domínio** de **f**, e o conjunto **B** recebe o nome de **contradomínio** de **f**.

O subconjunto de **B** formado pelos elementos **y** que são imagens de algum $x \in A$ é o **conjunto imagem de f**: Im(f) = {0, 1, 4}.

Determinação do domínio

Quando não é dado explicitamente o domínio **D** de **f**, deve-se subentender que **D** é formado por todos os números reais que podem ser colocados no lugar de **x** na lei de correspondência $y = f(x)$, de modo que, efetuados os cálculos, resulte um **y** real.

Por exemplo, para se determinar o domínio (**D**) da função dada por $y = \sqrt{x+2} + \dfrac{-3x+5}{2x-1}$ temos as restrições:

- $x + 2 > 0 \Rightarrow x > -2$ (só existe raiz quadrada de radicando positivo ou nulo);
- $2x - 1 \neq 0 \Rightarrow x \neq \dfrac{1}{2}$ (em uma divisão, o divisor tem que ser diferente de zero).

Então, seu domínio é $Dm\ (f) = \left\{x \in \mathbb{R} \,\middle|\, x > -2 \text{ e } x \neq \dfrac{1}{2}\right\}$.

Gráfico de funções

Seja **f** a função definida pela lei $y = 2x$.

$Dm\ (f) = \{-3, -2, -1, 0, 1, 2, 3\}$

Construímos uma tabela:

x	y
−3	$2 \cdot (-3) = -6$
−2	$2 \cdot (-2) = -4$
−1	$2 \cdot (-1) = -2$
0	$2 \cdot (0) = 0$
1	$2 \cdot (1) = 2$
2	$2 \cdot (2) = 4$
3	$2 \cdot (3) = 6$

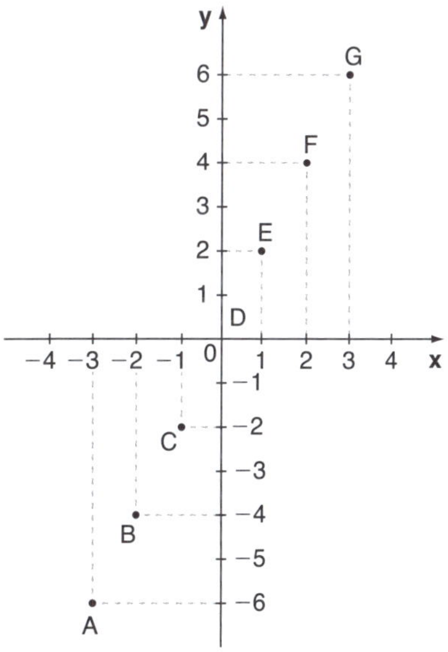

Banco de imagens/Arquivo da editora

O gráfico de **f** é formado por esses 7 pontos.

Taxa média de variação

Seja **f** uma função definida por $y = f(x)$; sejam $\mathbf{x_1}$ e $\mathbf{x_2}$ dois valores do domínio de **f**, ($x_1 \neq x_2$), cujas imagens são, respectivamente, $f(x_1)$ e $f(x_2)$.

O quociente $\dfrac{f(x_2) - f(x_1)}{x_2 - x_1}$ recebe o nome de **taxa média de variação da função f**, para **x** variando de $\mathbf{x_1}$ até $\mathbf{x_2}$.

A taxa média de variação mostra o "ritmo" de variação de **y** em relação à variação de **x**.

Exemplo: A velocidade escalar média de um móvel é a taxa média de variação da posição (**Δs**) em relação ao intervalo de tempo (**Δt**) estudado. Ela nos dá apenas uma ideia global sobre o movimento do móvel nesse intervalo.

Análise de gráficos

Por exemplo, seja $f: \mathbb{R} \to \mathbb{R}$ definida por $f(x) = x^2 - 4$.

Temos que:

- para $x > 0$, essa função é crescente;
- para $x < 0$, essa função é decrescente;
- $(0, -4)$ é ponto de mínimo e -4 é o valor mínimo que essa função assume;
- as raízes de **f** são -2 e 2;

- o sinal de **f** é: $\begin{cases} y > 0 \text{ se } x < -2 \text{ ou } x > 2 \\ y < 0 \text{ se } -2 < x < 2 \end{cases}$

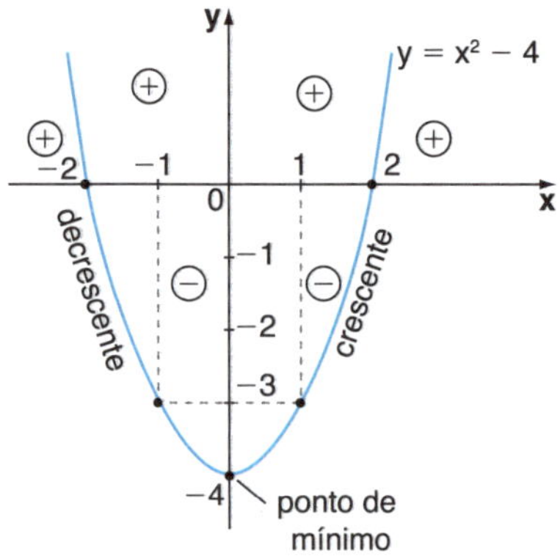

Banco de imagens/Arquivo da editora

Função afim (ou função polinomial do 1º grau)

Chama-se **função polinomial do 1º grau**, ou **função afim**, qualquer função **f** de ℝ em ℝ dada por uma lei da forma $f(x) = ax + b$, em que **a** e **b** são números reais dados e $a \neq 0$.

Exemplos:

- $f(x) = 5x - 3$, em que $a = 5$ e $b = -3$;
- $f(x) = -2x - 7$, em que $a = -2$ e $b = -7$.

Gráfico de função afim

O gráfico de uma função polinomial do 1º grau, $f: \mathbb{R} \rightarrow \mathbb{R}$, dada por $y = ax + b$, com $a \neq 0$, é uma reta oblíqua aos eixos Ox e Oy (isto é, é uma reta não paralela a nenhum dos eixos coordenados).

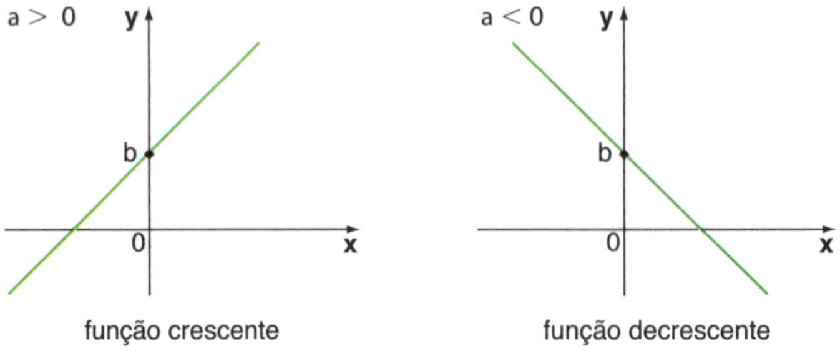

Ilustrações: Banco de imagens/Arquivo da editora

a: coeficiente angular, está relacionado com a inclinação da reta em relação ao eixo Ox.
b: coeficiente linear, é a ordenada do ponto em que a reta intersecta o eixo Oy.

Função linear e grandezas diretamente proporcionais

Se $b = 0$, com **a** real e $a \neq 0$, na lei que define a função afim, obtemos $f(x) = ax$, que é denominada **função linear**.

Como $\frac{y}{x} = a$ (constante), dizemos que **x** e **y** são **grandezas diretamente proporcionais**.

O gráfico de **f** é uma reta que passa pela origem (0, 0).

Função constante

Se em y = ax + b temos a = 0, a lei não define uma função afim, mas sim outro tipo de função denominada **função constante**.

Portanto, chama-se **função constante** uma função f: $\mathbb{R} \rightarrow \mathbb{R}$ dada pela lei y = 0x + b, ou seja, y = b para todo $x \in \mathbb{R}$.

Exemplo:

Seja f: $\mathbb{R} \rightarrow \mathbb{R}$, definida por y = 2. O gráfico de **f** é:

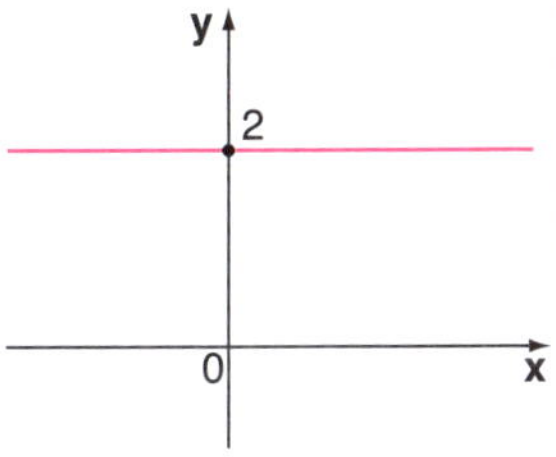

Banco de imagens/Arquivo da editora

Raiz da função afim

É o número real **x** tal que f(x) = 0, isto é:

$$f(x) = 0 \Rightarrow ax + b = 0 \Rightarrow x = -\frac{b}{a}$$

O ponto $\left(-\frac{b}{a}, 0\right)$ pertence ao eixo das abscissas. Desse modo, a raiz de uma função do 1º grau corresponde à abscissa do ponto em que a reta intersecta o eixo Ox.

Por exemplo, a raiz da função **f** dada por f(x) = −3x + 2 é obtida a partir da equação:

$$-3x + 2 = 0 \Rightarrow x = \frac{2}{3}$$

O coeficiente linear **b** dessa função é 2 e o gráfico de **f** é a reta **r**:

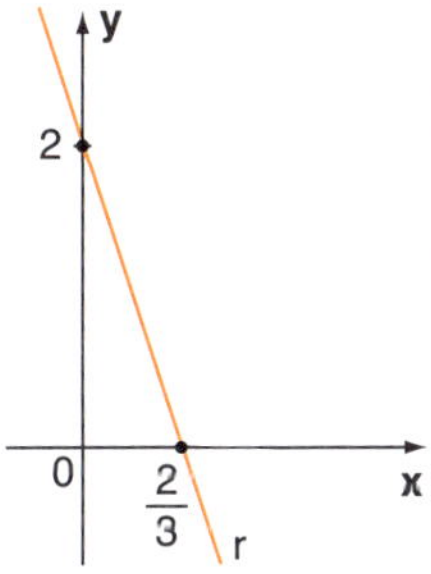

Banco de imagens/Arquivo da editora

Taxa média de variação

Seja f: $\mathbb{R} \rightarrow \mathbb{R}$ uma função afim dada por f(x) = ax + b.

A taxa média de variação de **f**, quando **x** varia de $\mathbf{x_1}$ a $\mathbf{x_2}$, com $x_1 \neq x_2$, é igual ao coeficiente **a**.

Sinal de uma função afim

a > 0

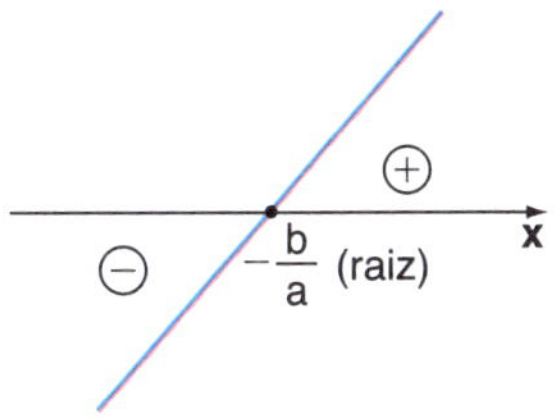

Banco de imagens/Arquivo da editora

a < 0

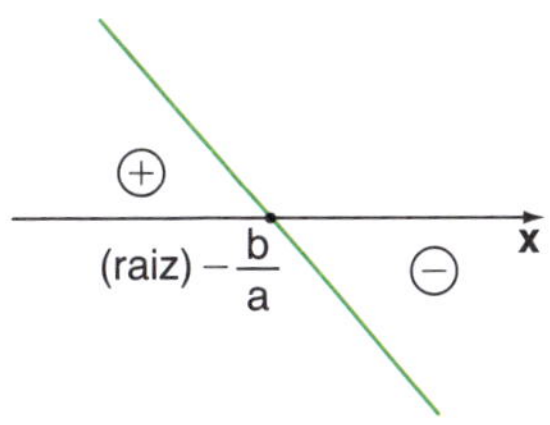

Banco de imagens/Arquivo da editora

Inequação simultânea

É uma inequação do tipo $f(x) < g(x) < h(x)$.

Exemplo:

Resolva em $\mathbb{R}$ a inequação $\underbrace{-5 \leqslant x - 2}_{1} < 3x + 2$, em que ② é $\overbrace{x - 2 < 3x + 2}^{2}$.

① $-5 \leqslant x - 2 \Rightarrow -5 + 2 \leqslant x \Rightarrow -3 \leqslant x$

② $x - 2 < 3x + 2 \Rightarrow -2x < 4 \Rightarrow x > -2$

① ∩ ② $\Rightarrow S = \{x \in \mathbb{R} \mid x > -2\}$

Inequação-produto e inequação-quociente

Sejam **f** e **g** duas funções de variável **x**.

As inequações do tipo $f(x) \cdot g(x) > 0$, $f(x) \cdot g(x) \geqslant 0$, $f(x) \cdot g(x) < 0$ e $f(x) \cdot g(x) \leqslant 0$ são inequações-produto.

As inequações do tipo $\dfrac{f(x)}{g(x)} > 0$, $\dfrac{f(x)}{g(x)} \geqslant 0$, $\dfrac{f(x)}{g(x)} < 0$ e $\dfrac{f(x)}{g(x)} \leqslant 0$ são inequações-quociente.

Exemplo:

Resolva em $\mathbb{R}$ a inequação: $\dfrac{-3x + 6}{x - 1} \leqslant 0$, em que $f(x) = -3x + 6$ e $g(x) = x - 1$.

Sinal de **f**:

$-3x + 6 = 0 \Rightarrow x = 2$

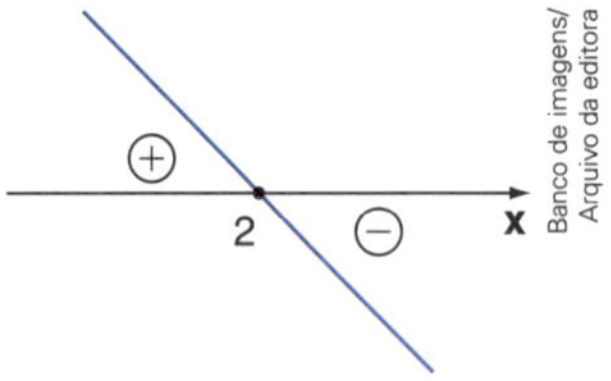

Sinal de **g**:

$x - 1 = 0 \Rightarrow x = 1$

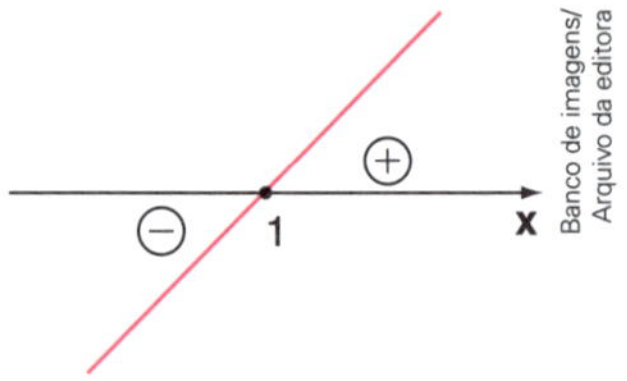

Quadro de sinais:

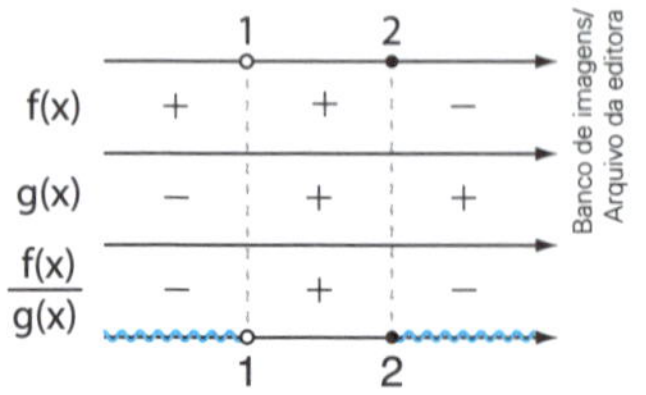

$S = \{x \in \mathbb{R} \mid x < 1 \text{ ou } x \geqslant 2\}$

Grandezas inversamente proporcionais

Duas grandezas **x** e **y** são **inversamente proporcionais** se $x \cdot y = k$ (constante).

Função quadrática (ou função polinomial do 2º grau)

Chama-se **função quadrática**, ou **função polinomial do 2º grau**, qualquer função **f** de $\mathbb{R}$ em $\mathbb{R}$ dada por uma lei da forma $f(x) = ax^2 + bx + c$, em que **a**, **b** e **c** são números reais e $a \neq 0$.

Exemplos:

- $f(x) = 2x^2 + 3x + 5$, sendo $a = 2$, $b = 3$ e $c = 5$.
- $f(x) = x^2 - 1$, sendo $a = 1$, $b = 0$ e $c = -1$.

Raízes de uma função quadrática

> Chamam-se **raízes** ou **zeros da função polinomial do 2º grau**, dada por $f(x) = ax^2 + bx + c$, com $a \neq 0$, os números reais **x** tais que $f(x) = 0$.

Em outras palavras, as raízes da função $y = ax^2 + bx + c$ são as soluções (se existirem) da equação do 2º grau $ax^2 + bx + c = 0$.

A quantidade de raízes reais de uma função quadrática depende do valor obtido para o radicando $\Delta = b^2 - 4ac$, chamado **discriminante**.

- Quando Δ é positivo, há duas raízes reais e distintas.
  Por exemplo, a função $y = x^2 - 3x - 10$ tem duas raízes reais e distintas, pois $\Delta = (-3)^2 - 4 \cdot 1 \cdot (-10) = 49 > 0$ e as raízes são $\frac{3 \pm 7}{2}$, isto é, 5 e -2.
- Quando Δ é zero, há duas raízes reais iguais (ou uma raiz dupla).
  Exemplo: $y = x^2 - 6x + 9$; $\Delta = (-6)^2 - 4 \cdot 1 \cdot 9 = 0$ e a raiz real dupla é $\frac{6 \pm 0}{2} = 3$.
- Quando Δ é negativo, não há raiz real.
  Exemplo: $y = 2x^2 - x + 3$; $\Delta = 1 - 4 \cdot 2 \cdot 3 = -23 < 0$

Soma e produto das raízes

Se x_1 e x_2 são as raízes da equação $ax^2 + bx + c = 0$, com $a \neq 0$, temos:

- $x_1 + x_2 = -\frac{b}{a}$ (soma das raízes)
- $x_1 \cdot x_2 = \frac{c}{a}$ (produto das raízes)

Gráfico de função quadrática

O gráfico da função quadrática dada por $y = ax + bx + c$, com $a \neq 0$, é uma **parábola**.

De acordo com o sinal de **a** (que define a concavidade da parábola) e o sinal de Δ (que define a quantidade de raízes reais da função), podemos ter:

- Se $a > 0$

$\Delta > 0$

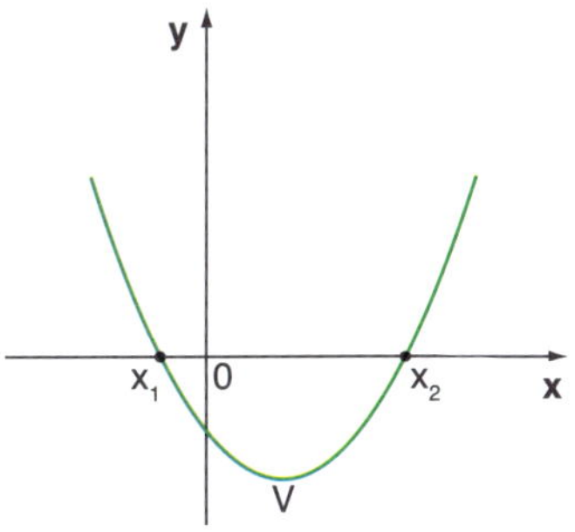

$\Delta = 0$

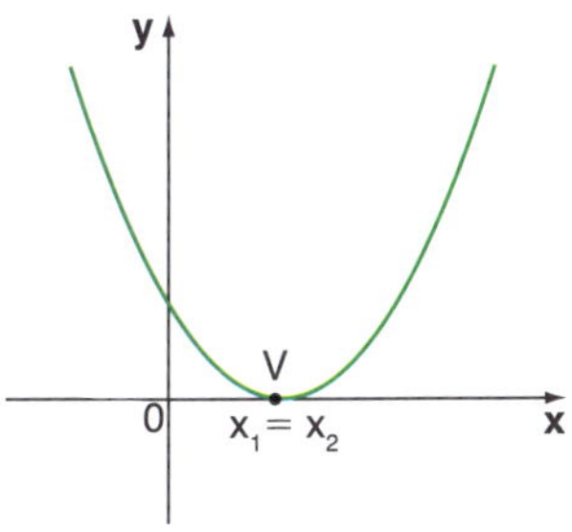

$\Delta < 0$

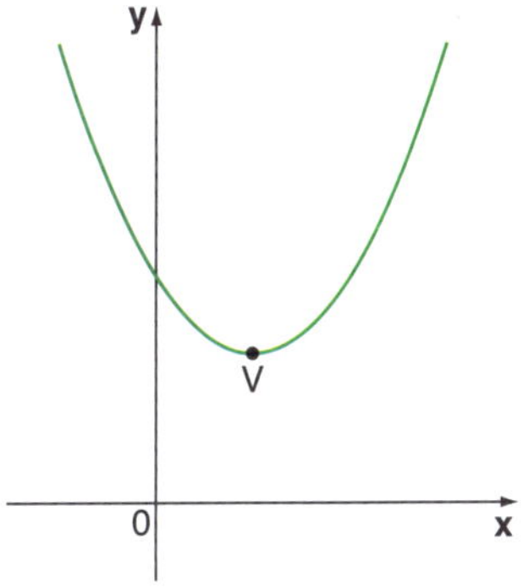

Ilustrações: Banco de imagens/Arquivo da editora

- Se $a < 0$

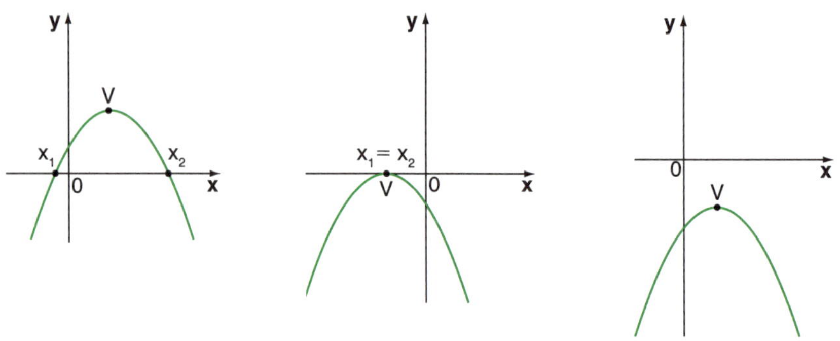

Coordenadas do vértice da parábola

Seja o ponto **V** o **vértice da parábola**.

Se $a > 0$, a parábola tem concavidade voltada para cima e um ponto de mínimo **V**; se $a < 0$, a parábola tem concavidade voltada para baixo e um ponto de máximo **V**.

- Se $a > 0$

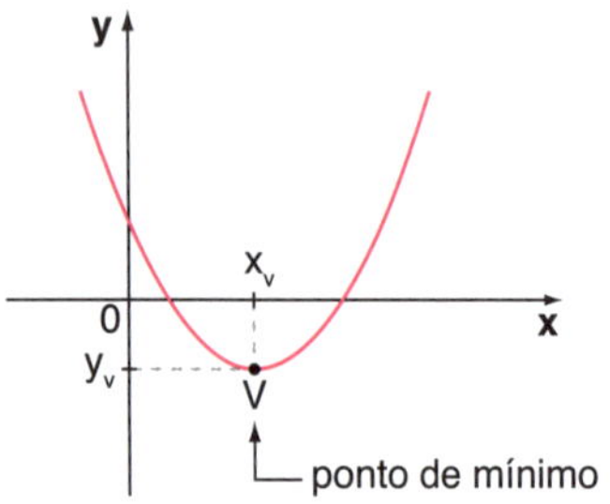

- Se $a < 0$

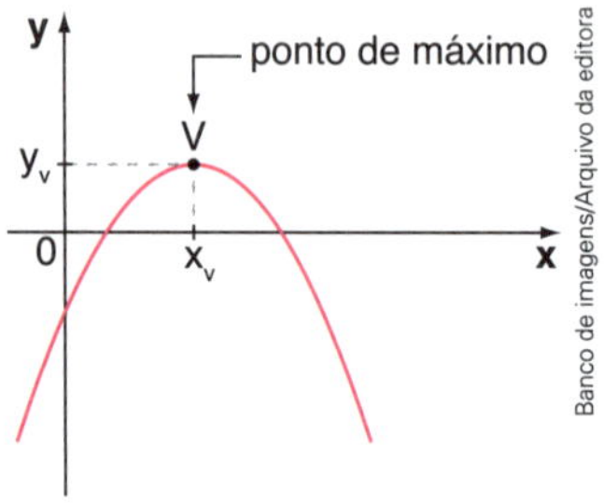

Em qualquer caso, as coordenadas de **V** são:

$$V\left(\underbrace{-\frac{b}{2a}}_{x_V}, \underbrace{-\frac{\Delta}{4a}}_{y_V}\right)$$

Se $a > 0$, o **conjunto imagem** de **f** é $Im = \{y \in \mathbb{R} \mid y \geqslant y_v\}$.

Se $a < 0$, o **conjunto imagem** de **f** é $Im = \{y \in \mathbb{R} \mid y \leqslant y_v\}$.

Esboço da parábola

Acompanhe, no roteiro abaixo, os passos para fazer o esboço da parábola:

- O sinal do coeficiente **a** define a concavidade da parábola.
- As raízes (ou zeros) definem os pontos em que a parábola intersecta o eixo Ox.
- O vértice $V\left(-\frac{b}{2a}, -\frac{\Delta}{4a}\right)$ indica o ponto de mínimo (se $a > 0$) ou de máximo (se $a < 0$).
- A reta que passa por **V** e é paralela ao eixo Oy é o eixo de simetria da parábola.
- Para $x = 0$, temos $y = a \cdot 0^2 + b \cdot 0 + c = c$; então $(0, c)$ é o ponto em que a parábola corta o eixo Oy.

Forma fatorada

Se $f: \mathbb{R} \rightarrow \mathbb{R}$ é uma função polinomial do 2º grau dada por $y = ax^2 + bx + c$, com raízes $\mathbf{x_1}$ e $\mathbf{x_2}$, então **f** pode ser escrita na forma $y = a \cdot (x - x_1) \cdot (x - x_2)$, que é chamada **forma fatorada** da função do 2º grau.

Estudo de sinal da função quadrática

- $\Delta > 0$

- $\Delta = 0$

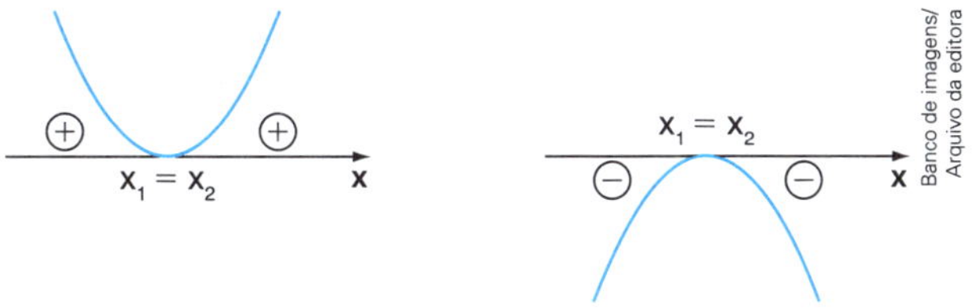

- $\Delta < 0$

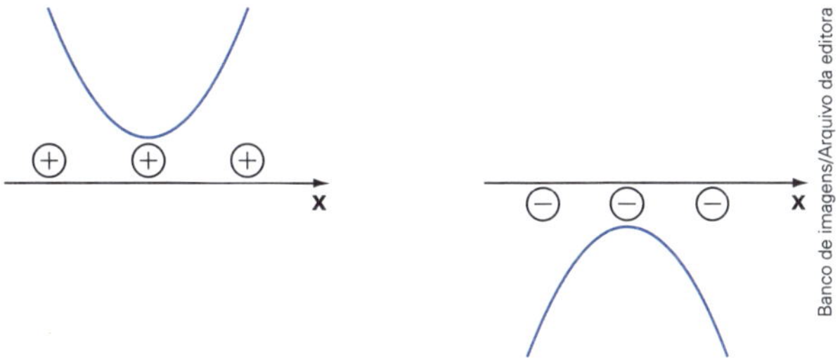

Inequações de 2º grau

Exemplo:

Resolva em $\mathbb{R}$ as inequações:

a) $-x^2 + 4x + 12 > 0$

b) $x^2 - 2x + 3 < 0$

Em ambos os casos, devemos estudar o sinal da função para determinar a solução da inequação.

a) $-x^2 + 4x + 12 = 0 \Rightarrow \Delta = 64; x = \dfrac{-4 \pm 8}{-2} \Rightarrow x_1 = -2 \text{ e } x_2 = 6$

Como queremos $y > 0$, segue que:

$S = \{x \in \mathbb{R} \mid -2 < x < 6\}$

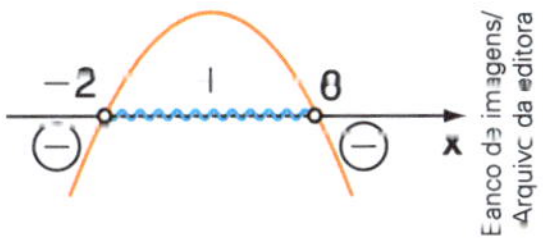

b) $x^2 - 2x + 3 = 0 \Rightarrow \Delta = -8$ (não há raízes reais)

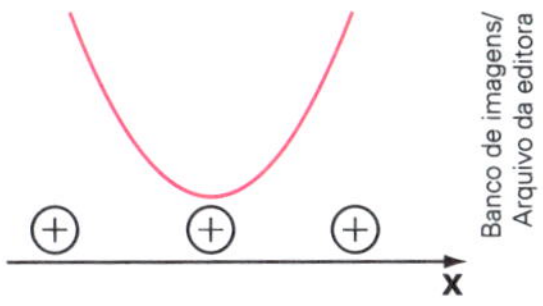

Como queremos $y < 0$, segue que $S = \varnothing$.

Inequações-produto e inequações-quociente

Usamos o mesmo procedimento que para a resolução das inequações-produto e inequações-quociente de funções afim.

Aplique o que aprendeu

Exercícios resolvidos

1. Seja $f: \mathbb{R} \rightarrow \mathbb{R}$ dada por $f(x) = 2x + 1$. Calcule a taxa média de variação de **f** se **x** varia de -2 a 1.

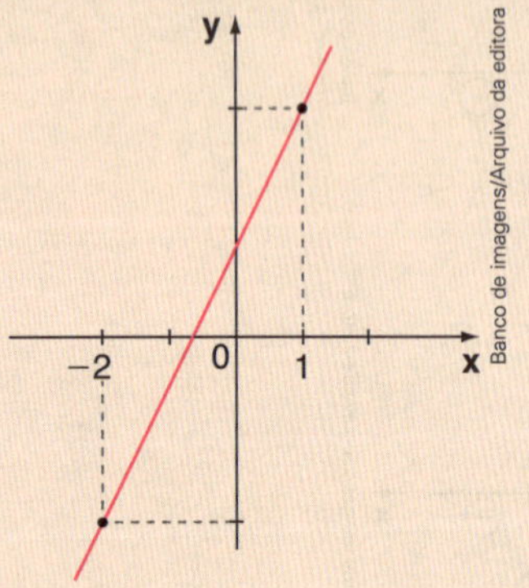

Solução:

$f(-2) = 2 \cdot (-2) + 1 = -3$

$f(1) = 2 \cdot 1 + 1 = 3$

$$\frac{f(1) - f(-2)}{1 - (-2)} = \frac{3 - (-3)}{3} = \frac{6}{3} = 2$$

2. O gráfico a seguir informa algumas possibilidades de salário (**y**) de um vendedor de loja de roupas de acordo com o lote de vendas (**x**) no mês:

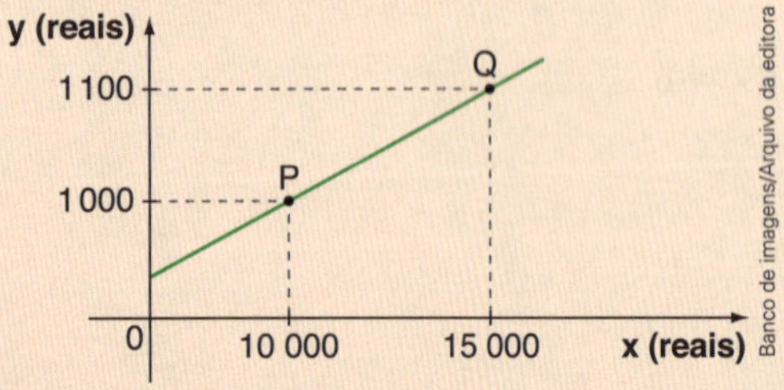

Determine a lei da função que relaciona **y** e **x**.

Solução:

Como o gráfico é uma reta, temos que as variáveis se relacionam por uma função do tipo $y = ax + b$.

Considerando o intervalo de **P** a **Q**, a taxa média de variação é:

$$\frac{\Delta y}{\Delta x} = \frac{1100 - 1000}{15\,000 - 10\,000} = \frac{100}{5\,000} = \frac{1}{50} = 0{,}02$$

(Isso significa que a cada R$ 50,00 de venda o salário aumenta em R$ 1,00.)

Logo, $a = 0{,}02$.

Como $y = 0{,}02x + b$, usando as coordenadas do ponto **P**, temos:

$1\,000 = 0{,}02 \cdot 10\,000 + b \Rightarrow b = 800$ (parte fixa do salário)

Daí, $y = 0{,}02x + 800$.

3. Determine **x**, **y**, **z** e **w**, sabendo que **A** é diretamente proporcional a **B** e $\mathbf{C}^2$ é inversamente proporcional a **D**.

A	B	C	D
20	5	x	y
12	x	2	3
z	8	6	w

Solução:

Como **A** e **B** são grandezas diretamente proporcionais, a razão $\frac{A}{B}$ é constante:

$$\frac{20}{5} = \frac{12}{x} = \frac{z}{8} \Rightarrow x = 3 \text{ e } z = 32$$

Como $\mathbf{C}^2$ e **D** são grandezas inversamente proporcionais, o produto $C^2 \cdot D$ é constante:

$2^2 \cdot 3 = k \Rightarrow k = 12$

Daí: $x^2 \cdot y = 12 \Rightarrow 3^2 \cdot y = 12 \Rightarrow y = \frac{4}{3}$

$6^2 \cdot w = 12$

Daí, $w = \frac{1}{3}$.

4. Obtenha a lei da função **f** cujo gráfico é a parábola representada a seguir:

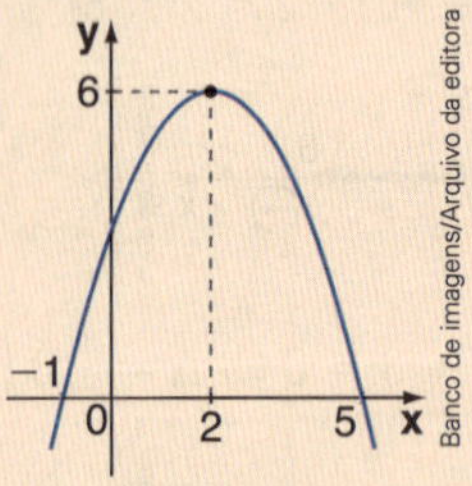

Solução:

As raízes de **f** são -1 e 5.

Usando a forma fatorada, temos que

$y = a \cdot (x + 1) \cdot (x - 5)$ (∗)

Como (2, 6) pertence à parábola, temos:

$6 = a \cdot (2 + 1) \cdot (2 - 5) \Rightarrow -9a = 6 \Rightarrow a = -\frac{2}{3}$ e,

em (∗), a lei pedida é: $y = -\frac{2}{3} \cdot (x^2 - 4x - 5)$.

5. Ao fazer um lançamento em uma partida de futebol, um jogador chuta a bola, que descreve uma trajetória parabólica descrita pela lei $y = -\frac{7}{2}x^2 + 21x$, com **x** e **y** em metros como mostra a figura.

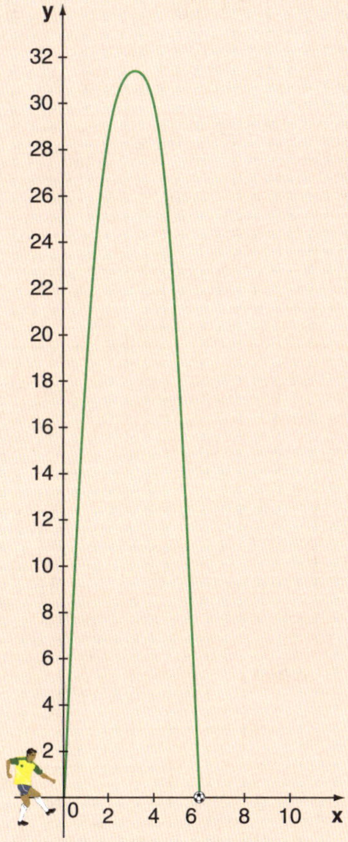

Banco de imagens/Arquivo da editora

Determine a altura máxima que a bola atinge.

Solução:

O enunciado pede que se determine o valor de $\mathbf{y}_V$.

Como $x_V = \frac{-b}{2a} = \frac{-21}{2 \cdot \left(-\frac{7}{2}\right)} = 3$, temos:

$y_V = -\frac{7}{2} \cdot 3^2 + 21 \cdot 3 = 31{,}5$ $\left(\text{podemos também usar a fórmula } y_V = -\frac{\Delta}{4a}\right)$.

A altura máxima é 31, 5 m.

6. Determine o domínio da função $y = \sqrt{\frac{x^2 - 9}{x^2 - 4x + 4}}$.

Solução:

A função **f** só está definida se: $\frac{x^2 - 9}{x^2 - 4x + 4} \geqslant 0$ (essa é uma inequação quociente).

$y_1 = x^2 - 9 \rightarrow x^2 - 9 = 0 \Rightarrow x = \pm 3$

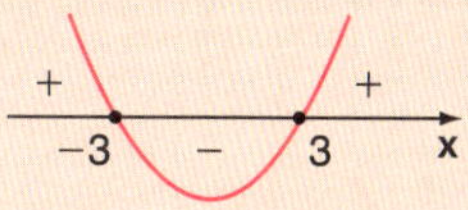

Banco de imagens/Arquivo da editora

$y_2 = x^2 - 4x + 4 \rightarrow x^2 - 4x + 4 = 0 \Rightarrow x = 2$ (raiz dupla)

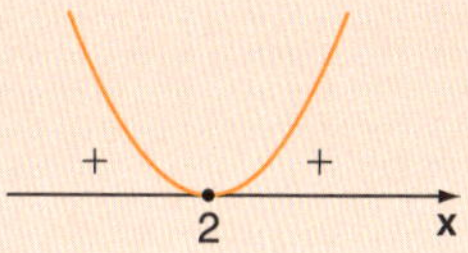

Ilustrações: Banco de imagens/Arquivo da editora

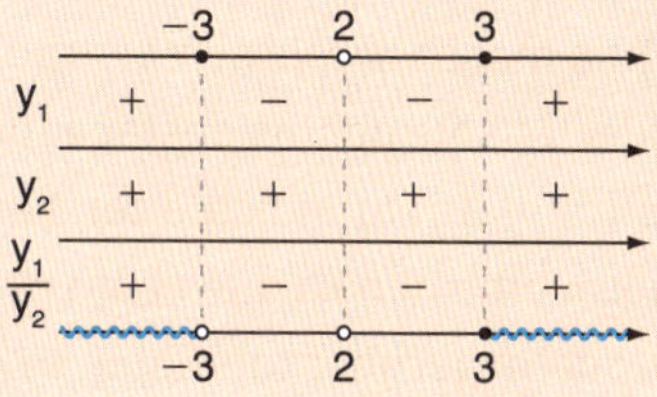

$D = \{x \in \mathbb{R} \mid x \leqslant -3 \text{ ou } x \geqslant 3\}$

Questões

1. (UEG-GO)

Dadas a funções $f(x) = -x^2$ e $g(x) = 2x$ um dos pontos de intersecção entre as funções **f** e **g** é

a) (0, 2)
b) (−2, −4)
c) (2, 4)
d) (0, 2)
e) (−2, 4)

2. (Efomm-RJ)

Uma aluna do 3º ano da EFOMM, responsável pelas vendas dos produtos da SAMM (Sociedade Acadêmica da Marinha Mercante), percebeu que, com a venda de uma caneca a R$ 9,00 em média 300 pessoas compravam, quando colocadas as canecas à venda em um grande evento. Para cada redução de R$ 1,00 no preço da caneca, a venda aumentava em 100 unidades. Assim, o preço da caneca, para que a receita seja máxima, será de

a) R$ 8,00 b) R$ 7,00 c) R$ 6,00 d) R$ 5,00 e) R$ 4,00

3. (Famerp-SP)

Um animal, submetido à ação de uma droga experimental, teve sua massa corporal registrada nos sete primeiros meses de vida. Os sete pontos destacados no gráfico mostram esses registros e a reta indica a tendência de evolução da massa corporal em animais que não tenham sido submetidos à ação da droga experimental. Sabe-se que houve correlação perfeita entre os registros coletados no experimento e a reta apenas no 1º e no 3º mês.

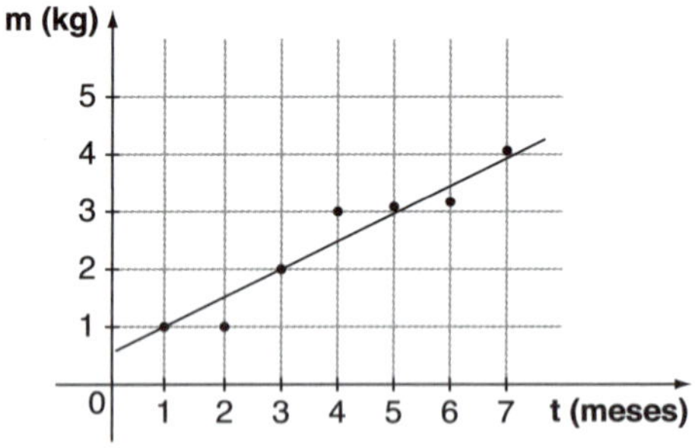

Se a massa registrada no 6º mês do experimento foi 210 gramas inferior à tendência de evolução da massa em animais não submetidos à droga experimental, o valor dessa massa registrada é igual a

a) 3,47 kg b) 3,27 kg c) 3,31 kg d) 3,35 kg e) 3,29 kg

4. (Uerj)

Os veículos para transporte de passageiros em determinado município têm vida útil que varia entre 4 e 6 anos, dependendo do tipo de veículo. Nos gráficos está representada a desvalorização de quatro desses veículos ao longo dos anos, a partir de sua compra na fábrica.

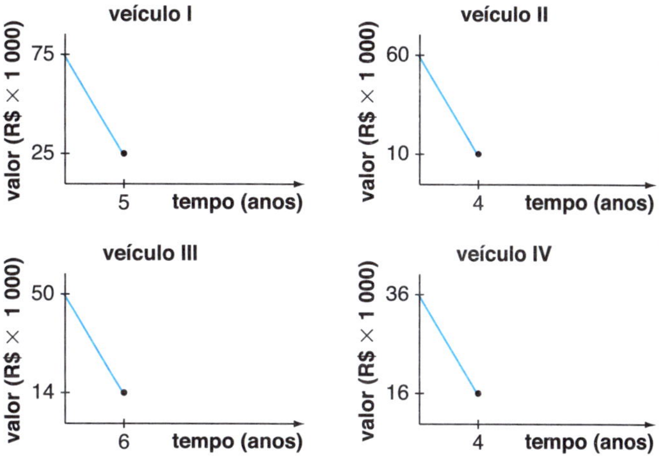

Ilustrações: Reprodução/Arquivo da editora

Com base nos gráficos, o veículo que mais desvalorizou por ano foi:

a) I
b) II
c) III
d) IV

5. (UEG-GO)

No centro de uma cidade, há três estacionamentos que cobram da seguinte maneira:

Estacionamento **A**	Estacionamento **B**	Estacionamento **C**
R$ 5,00 pela primeira hora R$ 3,00 por cada hora subsequente	R$ 4,00 por hora	R$ 6,00 pela primeira hora R$ 2,00 por cada hora subsequente

Será mais vantajoso, financeiramente, parar

a) no estacionamento **A**, desde que o automóvel fique estacionado por quatro horas.
b) no estacionamento **B**, desde que o automóvel fique estacionado por três horas.
c) em qualquer um, desde que o automóvel fique estacionado por uma hora.
d) em qualquer um, desde que o automóvel fique estacionado por duas horas.
e) no estacionamento **C**, desde que o automóvel fique estacionado por uma hora.

6. (Unicamp-SP)

A figura a seguir exibe o gráfico de uma função $y = f(x)$ para $0 < x < 3$.

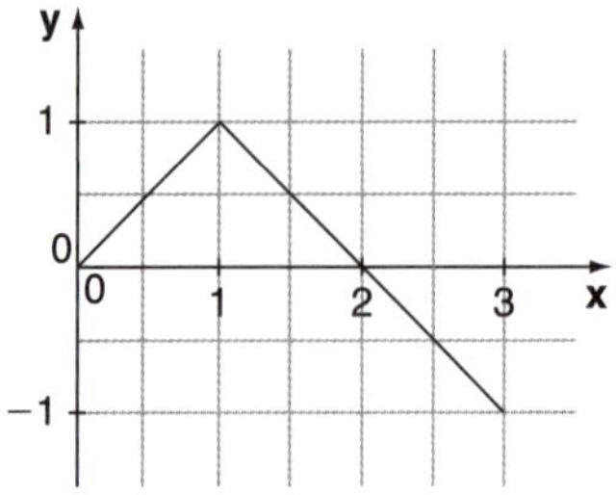

O gráfico de $y = [f(x)]^2$ é dado por

a) 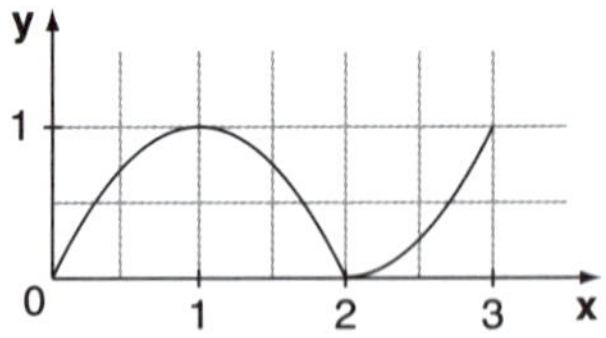

b) 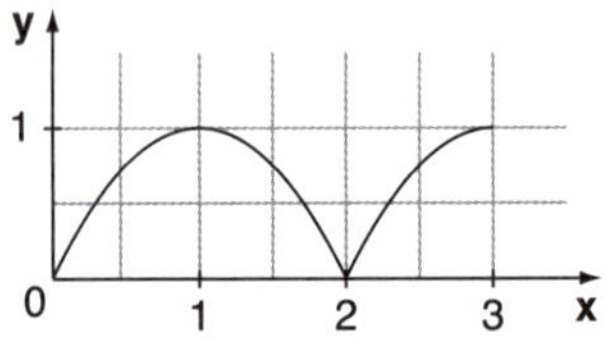

c) 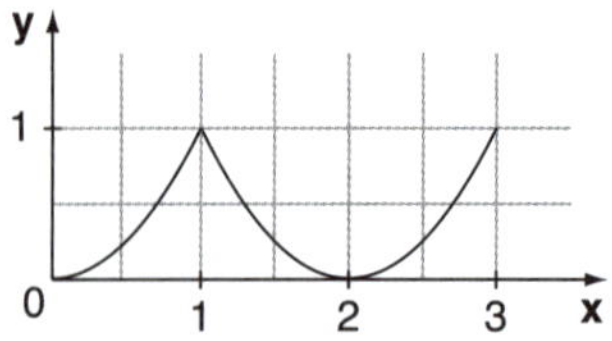

d) 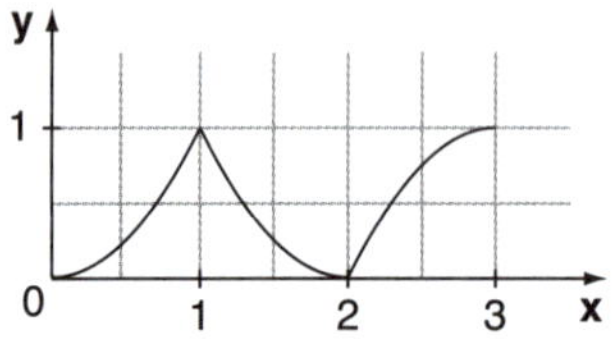

7. (UPE)

Um professor de matemática apresentou a seguinte função quadrática para os seus alunos: $F_1(x) = x^2 - 2x + 1$. Em seguida, começou a alterar os valores do termo independente de **x** dessa função, obtendo três novas funções:

$$F_2(x) = x^2 - 2x + 8;$$
$$F_3 = x^2 - 2x + 16;$$
$$F_4(x) = x^2 - 2x + 32.$$

Sobre os gráficos de $F_2(x)$, $F_3(x)$ e $F_4(x)$, em relação ao gráfico da função $F_1(x)$, é CORRETO afirmar que

a) interceptarão o eixo "x" nos mesmos pontos.

b) interceptarão o eixo "y" nos mesmos pontos.

c) terão o mesmo conjunto imagem.

d) terão a mesma abscissa (terão o mesmo "x" do vértice).

e) terão a mesma ordenada (terão o mesmo "y" do vértice).

8. (Ifsul-RS)

Numa serigrafia, o preço **y** de cada camiseta relaciona-se com a quantidade **x** de camisetas encomendadas, através da fórmula $y = -0{,}4x + 60$. Se foram encomendadas 50 camisetas, qual é o custo de cada camiseta?

a) R$ 40,00 b) R$ 50,00 c) R$ 70,00 d) R$ 80,00

9. (PUC-RJ)

Um vendedor de picolés verificou que a quantidade diária de picolés vendidos (y) varia de acordo com o preço unitário de venda (p), conforme a lei $y = 90 - 20p$. Seja **P** o preço pelo qual o picolé deve ser vendido para que a receita seja máxima. Assinale o valor de **P**.

a) R$ 2,25 b) R$ 3,25 c) R$ 4,25 d) R$ 5,25 e) R$ 6,25

10. (UEPA)

Uma operadora de telefonia móvel oferece diferentes planos de ligações conforme a tabela a seguir:

Plano	A	B	C	D
Minutos da franquia	50	100	200	400
Valor do plano (R$)	39	55	99	155

Sabendo-se que essa operadora cobra R$ 0,19 por minuto excedente da franquia, independente do plano escolhido, o gráfico que melhor representa o valor a ser pago pelos clientes que optarem pelo plano **A**, em função dos minutos utilizados, é:

a)
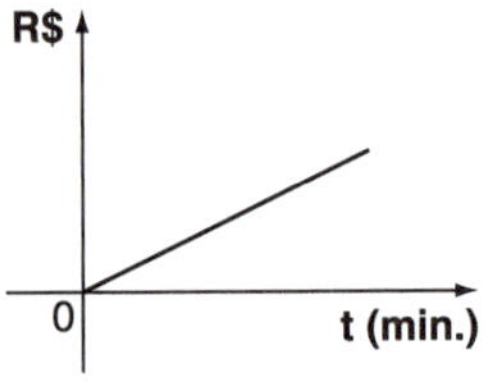

c)
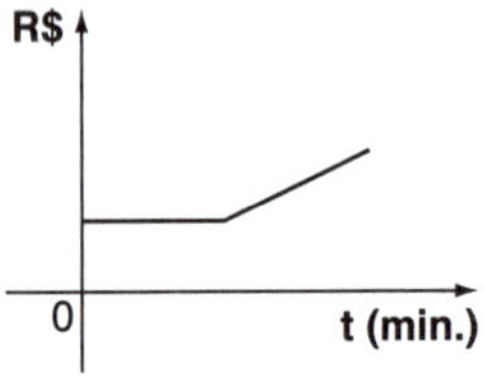

e)
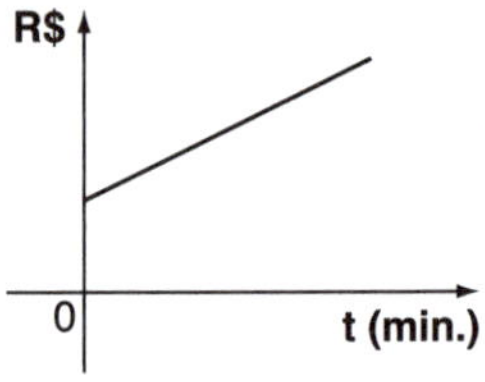

b)
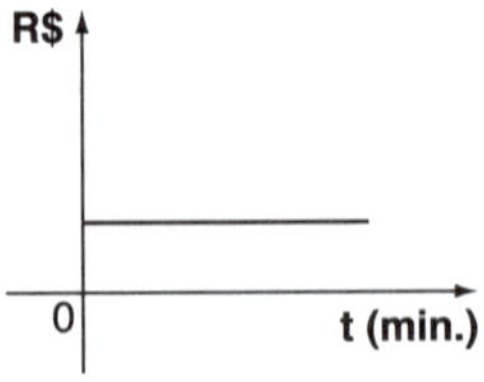

d)
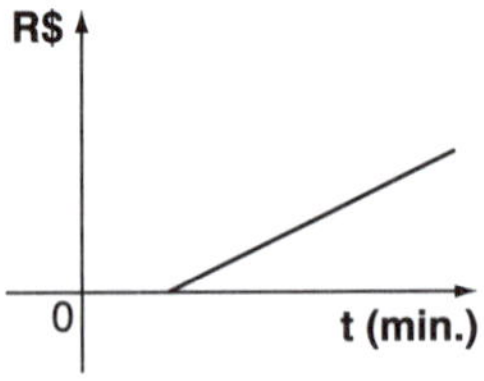

11. (UEM-PR)

Considerando as propriedades de funções, assinale o que for **correto**.

01) O gráfico de uma função afim, cujos domínio e contradomínio são $\mathbb{R}$, é uma reta.

02) Sejam **A** um conjunto formado por 10 crianças e **B** um conjunto formado por 20 adultos, sendo os adultos as 10 mães e os 10 pais destas crianças. Então, a lei que associa cada criança a seu casal de pais é uma função de **A** em **B**.

04) Se **f** e **g** são funções reais, sendo **f** crescente e **g** decrescente, então $f - g$ é uma função constante.

08) Quaisquer que sejam os conjuntos distintos **A** e **B**, e funções $f: A \to B$ e $g: A \to B$, é possível definir a função $g \circ f: A \to B$.

16) Uma função $f: A \to B$ é injetora se todo elemento de $y \in B$ possui um correspondente $x \in A$ de tal forma que $f(x) = y$.

12. (UFT-TO)

Um jogador de futebol, ao bater uma falta com barreira, chuta a bola de forma a encobri-la. A trajetória percorrida pela bola descreve uma parábola para chegar ao gol.

UFT, 2010

Sabendo-se que a bola estava parada no local da falta no momento do chute, isto é, com tempo e altura iguais a zero. Sabendo-se ainda, que no primeiro segundo após o chute, a bola atingiu uma altura de 6 metros e, cinco segundos após o chute, ela atingiu altura de 10 metros. Pode-se afirmar que após o chute a bola atingiu a altura máxima no tempo igual a:

a) 3 segundos
b) 3,5 segundos
c) 4 segundos
d) 4,5 segundos
e) 5 segundos

13. (EsPCEx-SP)

Os gráficos de $f(x) = 2$ e $g(x) = x^2 - |x|$ têm dois pontos em comum. O valor da soma das abscissas dos pontos em comum é igual a

a) 0
b) 4
c) 8
d) 10
e) 1

14. (IFSC)

Para o setor de micro e pequeno comércio, o custo do abastecimento de água pela CASAN é de R$ 41,47 mês, fixos para um consumo de até 10 m³ (ou 10 000 litros). Para cada metro cúbico excedente, o valor adicional é de R$ 9,74.

Disponível em http://www.casan.com.br/menu-conteudo/index/url/micro-e-pequeno-comercio#240, acessado em 17 de agosto de 2016.

Considerando que três pequenos comerciantes, **A**, **B** e **C**, gastam, respectivamente, 10, 11 e 12 metros cúbicos de água todo mês, analise as afirmativas a seguir e some o(s) valor(es) correspondente(s) à(s) proposição(ões) CORRETA(S).

01) Se **B** reduzir seu consumo pela metade, o valor da sua conta também ficará reduzido em 50%.

02) O valor que **C** paga a mais em relação ao valor pago por **B** é igual ao que **B** paga a mais que **A**.

04) Com R$ 50,00, o comerciante **A** consegue utilizar até 13 m^3 de água.

08) Se **C** aumentar seu consumo de água em 2.000 litros, o valor de sua conta de água aumentará em R$ 19,48.

16) O valor da conta de água, em função do aumento do consumo, cresce exponencialmente.

32) O valor f(x) da conta de água, em reais, em função do consumo de **x** metros cúbicos de água, respeita a lei $f(x) = 9,74x + 41,47$.

15. (UFPR)

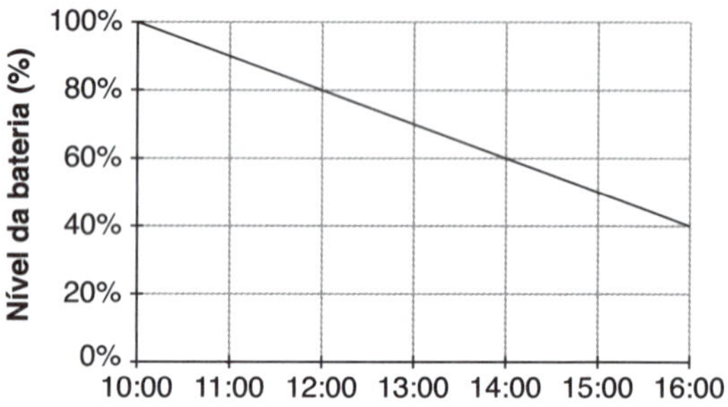

O gráfico ao lado representa o consumo de bateria de um celular entre as 10 h e as 16 h de um determinado dia.

Supondo que o consumo manteve o mesmo padrão até a bateria se esgotar, a que horas o nível da bateria atingiu 10%?

a) 18 h

b) 19 h

c) 20 h

d) 21 h

e) 22 h

16. (Enem)

Um reservatório de água com capacidade para 20 mil litros encontra-se com 5 mil litros de água num instante inicial (**t**) igual a zero, em que são abertas duas torneiras. A primeira delas é a única maneira pela qual a água entra no reservatório, e ela despeja 10 L de água por minuto; a segunda é a única maneira de a água sair do reservatório. A razão entre a quantidade de água que entra e a que sai, nessa ordem, é igual a $\frac{5}{4}$. Considere que Q(t) seja a expressão que indica o volume de água, em litro, contido no reservatório no instante **t**, dado em minuto, com **t** variando de 0 a 7.500.

A expressão algébrica para Q(t) é

a) $5.000 + 2t$
b) $5.000 - 8t$
c) $5.000 - 2t$
d) $5.000 + 10t$
e) $5.000 - 2{,}5t$

17. (Fatec-SP)

Admita que a população da Síria em 2010 era de 20,7 milhões de habitantes e em 2016, principalmente pelo grande número de mortes e da imigração causados pela guerra civil, o número de habitantes diminuiu para 17,7 milhões. Considere que durante esse período, o número de habitantes da Síria, em milhões, possa ser descrito por uma função **h**, polinomial do 1º grau, em função do tempo (**x**), em número de anos.

Assinale a alternativa que apresenta a lei da função h(x), para $0 \leqslant x \leqslant 6$, adotando o ano de 2010 como $x = 0$ e o ano de 2016 como $x = 6$.

a) $h(x) = -0{,}1x + 17{,}7$
b) $h(x) = -0{,}1x + 20{,}7$
c) $h(x) = -0{,}25x + 17{,}7$
d) $h(x) = -0{,}5x + 20{,}7$
e) $h(x) = -0{,}5x + 17{,}7$

18. (Ifal)

No Laboratório de Química do IFAL, após várias medidas, um estudante concluiu que a concentração de certa substância em uma amostra variava em função do tempo, medido em horas, segundo a função quadrática $f(t) = 5t - t^2$. Determine em que momento, após iniciadas as medidas, a concentração dessa substância foi máxima nessa amostra.

a) 1 hora.
b) 1,5 hora.
c) 2 horas.
d) 2,5 horas.
e) 3 horas.

19. (UEM-PR)

Seja **m** um número real. Em relação à função dada por $f(x) = mx^2 + 4mx + (m + 1)$, é **correto** afirmar que

01) é uma função quadrática para todo **m** real.

02) para $m \geq \frac{1}{3}$, $f(x) = \left(x + 2 - \sqrt{3m - 1}\right)\left(x - 2 + \sqrt{3m - 1}\right)$.

04) para todo $m < 0$, o gráfico é uma parábola com concavidade para baixo e com duas raízes reais.

08) a função é positiva para todo **x** real, sempre que $0 < m < \frac{1}{3}$.

16) para $m = 2$, a função é negativa para todo **x** real.

20. (IFPE)

Sabendo que a parábola da função real $f(x) = ax^2 + bx + c$, onde **a**, **b** e **c** são constantes reais, passa pelos pontos $(-3, -2)$, $(-1, 2)$ e $(0, 7)$, determine o valor de $f(1)$.

a) 10
b) 14
c) 7
d) −7
e) −14

21. (Fuvest-SP)

Sejam $\mathbf{D}_f$ e $\mathbf{D}_g$ os maiores subconjuntos de $\mathbb{R}$ nos quais estão definidas, respectivamente, as funções reais

$$f(x) = \sqrt{\frac{x^3 + 2x^2 - 4x - 8}{x - 2}} \quad \text{e} \quad g(x) = \frac{\sqrt{x^3 + 2x^2 - 4x - 8}}{\sqrt{x - 2}}.$$

Considere, ainda, $\mathbf{I}_f$ e $\mathbf{I}_g$ as imagens de **f** e de **g**, respectivamente.

Nessas condições,

a) $\mathbf{D}_f = \mathbf{D}_g$ e $\mathbf{I}_f = \mathbf{I}_g$.
b) tanto $\mathbf{D}_f$ e $\mathbf{D}_g$ quanto $\mathbf{I}_f$ e $\mathbf{I}_g$ diferem em apenas um ponto.
c) $\mathbf{D}_f$ e $\mathbf{D}_g$ diferem em apenas um ponto, $\mathbf{I}_f$ e $\mathbf{I}_g$ diferem em mais de um ponto.
d) $\mathbf{D}_f$ e $\mathbf{D}_g$ diferem em mais de um ponto, $\mathbf{I}_f$ e $\mathbf{I}_g$ diferem em apenas um ponto.
e) tanto $\mathbf{D}_f$ e $\mathbf{D}_g$ quanto $\mathbf{I}_f$ e $\mathbf{I}_g$ diferem em mais de um ponto.

TOTAL DE ACERTOS ____ /21

TÓPICO 3

Função modular

Reveja o que aprendeu

Você deve ser capaz de:

- Compreender o conceito de função definida por mais de uma sentença.
- Compreender o conceito de função modular.
- Resolver equações e inequações modulares.

Função definida por mais de uma sentença

É uma **função definida por mais de uma lei (sentença)**. Usa-se uma lei ou outra dependendo do intervalo a que **x** pertence.

Módulo de um número real

Dado um número real **x**, chama-se **módulo** ou **valor absoluto de x**, e se indica por |x|, o número real não negativo tal que:

$$|x| = \begin{cases} x, \text{ se } x \geq 0 \\ \text{ou} \\ -x, \text{ se } x < 0 \end{cases}$$

Exemplos:

$|2| = 2$ $|0| = 0$ $\left|-\sqrt{3}\right| = \sqrt{3}$ $\left|\underbrace{3-\pi}_{\text{negativo}}\right| = -(3-\pi) = \pi - 3$

Observe que, para todo $x \in \mathbb{R}$, $|x| \geq 0$.

O módulo de um número real **x** representa a distância, na reta real, entre **x** e 0 (origem).

Função modular

Chama-se **função modular** a função **f** de $\mathbb{R}$ em $\mathbb{R}$ que associa cada número real **x** ao seu módulo (valor absoluto), isto é, **f** é definida pela lei $f(x) = |x|$.

$$f(x) = \begin{cases} x, \text{ se } x \geq 0 \\ -x, \text{ se } x < 0 \end{cases}$$

I. f: $\mathbb{R} \to \mathbb{R}$ dada por $f(x) = |x|$

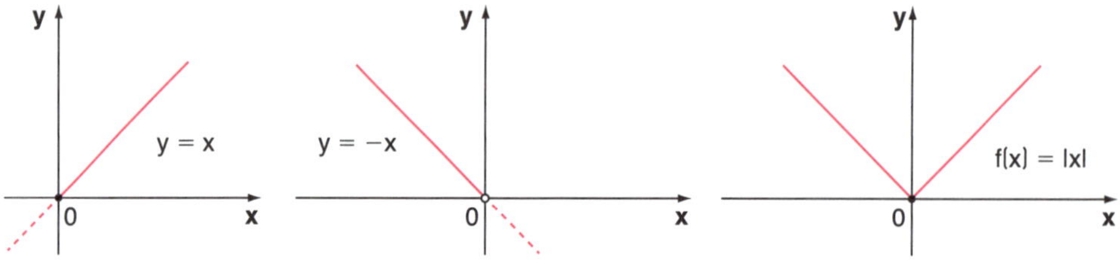

figura 1 figura 2 figura 3

Banco de imagens/Arquivo da editora

II. f: ℝ → ℝ dada por f(x) = |x| + 1

Observe a translação na vertical.

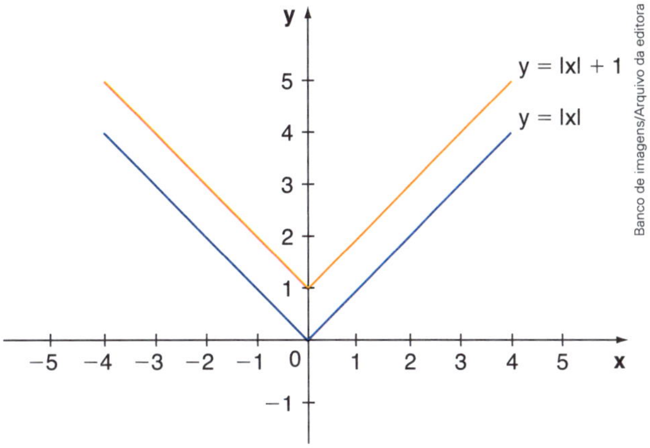

III. f: ℝ → ℝ dada por f(x) = |x − 2|

Observe a translação na horizontal.

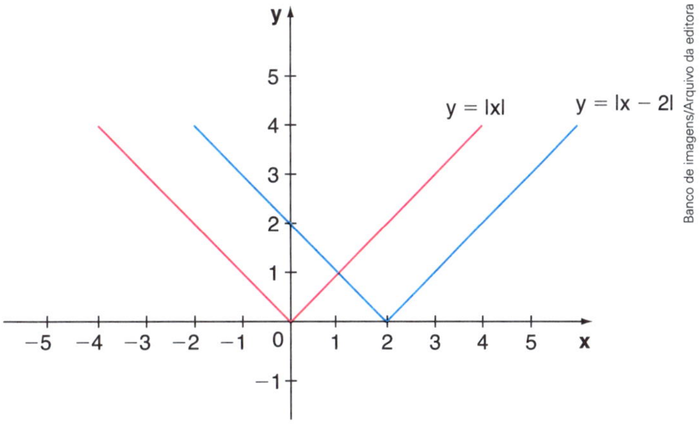

IV. f: ℝ → ℝ dada por f(x) = |x − 2| + x

$$|x - 2| = \begin{cases} x - 2, \text{ se } x - 2 \geq 0, \text{ isto é, } x \geq 2 \\ -x + 2, \text{ se } x < 2 \end{cases}$$

- Se x ⩾ 2, f(x) = x − 2 + x = 2x − 2
- Se x < 2, f(x) = −x + 2 + x = 2

Assim, temos: $y = \begin{cases} 2x - 2, \text{ se } x \geq 2 \\ 2, \text{ se } x < 2 \end{cases}$

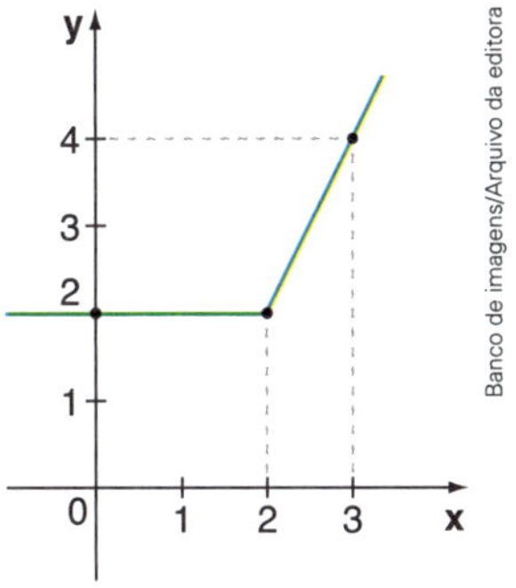

x	y
2	2
3	4

Equações modulares

De modo geral, sendo **k** um número positivo, temos:

- $|x| = k \Rightarrow x = k$ ou $x = -k$

  Exemplo:

  $|3x - 5| = 1 \Rightarrow 3x - 5 = 1$ ou $3x - 5 = -1 \Rightarrow x = 2$ ou $x = \frac{4}{3}$

- $|x| = |y| \Rightarrow x = y$ ou $x = -y$

- $|f(x)| = g(x) \Rightarrow f(x) = g(x)$ ou $f(x) = -g(x)$; com $g(x) \geqslant 0$

  Exemplo:

  $|4x - 5| + 2x - 1 = 3 \Leftrightarrow |4x - 5| = -2x + 4$

  Daí:

  $4x - 5 = -2x + 4 \Rightarrow x = \frac{3}{2}$; como $-2 \cdot \frac{3}{2} + 4 > 0$, $\frac{3}{2}$ é solução

  $4x - 5 = 2x - 4 \Rightarrow x = \frac{1}{2}$; como $-2 \cdot \frac{1}{2} + 4 > 0$, $\frac{1}{2}$ é solução

Inequações modulares

- Seja $a \in \mathbb{R}$ e $a > 0$, $|x| < a \Leftrightarrow -a < x < a$.

  Exemplo:

  $|2x + 3| < 5 \Rightarrow -5 < 2x + 3 < 5 \Rightarrow -4 < x < 1$

- Seja $a \in \mathbb{R}$ e $a > 0$, $|x| > a \Leftrightarrow x < -a$ ou $x > a$.

  Exemplo:

  $|3x - 1| > 2 \Rightarrow 3x - 1 > -2$ ou $3x - 1 > 2 \Leftrightarrow x < -\frac{1}{3}$ ou $x > 1$

Aplique o que aprendeu

Exercício resolvido

1. Seja $f: \mathbb{R} \rightarrow \mathbb{R}$ definida por:

$$f(x)\begin{cases} x - 2, \text{ se } x \geqslant 1 \\ 3, \text{ se } x < 1 \end{cases}$$

a) Calcule o valor de $f(0)$, $f(1)$, $f\left(\frac{5}{3}\right)$ e $f(-2)$.

b) Esboce o gráfico de **f**.

Solução:

a) $0 < 1 \rightarrow f(0) = 3$

$1 \geqslant 1 \rightarrow f(1) = 1 - 2 = -1$

$\frac{5}{3} \geqslant 1 \rightarrow f\left(\frac{5}{3}\right) = \frac{5}{3} - 2 = -\frac{1}{3}$

$-2 < 1 \rightarrow f(-2) = 3$

b)

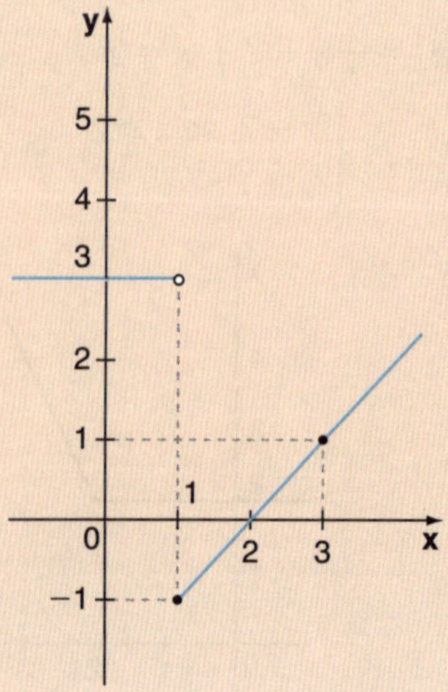

Banco de imagens/Arquivo da editora

Questões

1. (Insper-SP)

Considere a função dada por $f(x) = x^2 - 6x + 8$.

a) Determine o valor mínimo dessa função, assim como os pontos de intersecção do gráfico da função com a reta $y = 1$.

b) Determine as raízes da função $g(x) = |x^2 - 6x + 8| - 1$.

2. (Mack-SP)

Dadas as funções reais definidas por $f(x) = |x|^2 - 4|x|$ e $g(x) = |x^2 - 4x|$, considere I, II, III e IV abaixo.

I. Ambas as funções possuem gráficos simétricos em relação ao eixo das ordenadas.

II. O número de soluções reais da equação $f(x) = g(x)$ é 3.

III. A soma de todas as raízes das funções dadas é 4.

IV. Não existe **x** real tal que $f(x) < g(x)$.

O número de afirmações corretas é

a) 0
b) 1
c) 2
d) 3
e) 4

3. (ESPM)

O gráfico em destaque representa uma função real y = f(x). Entre as alternativas dadas, assinale a que melhor representa a função y = |f(x + 1)|.

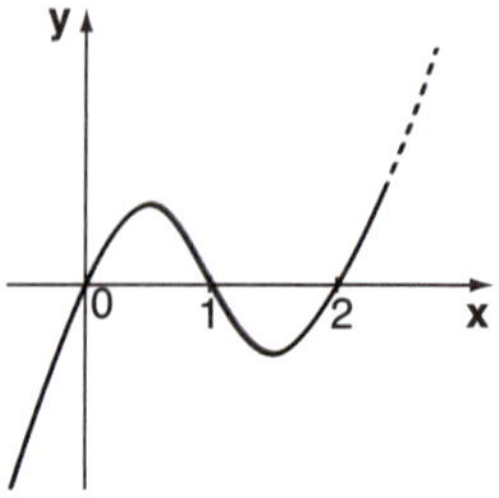

a)

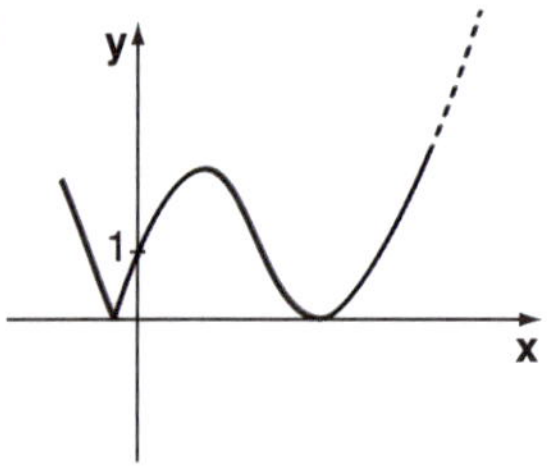

c)

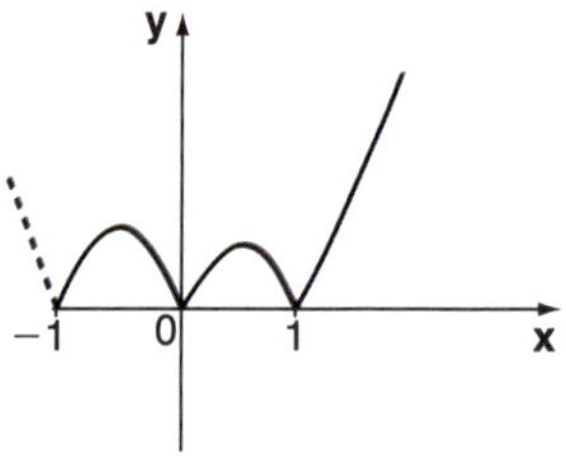

e)

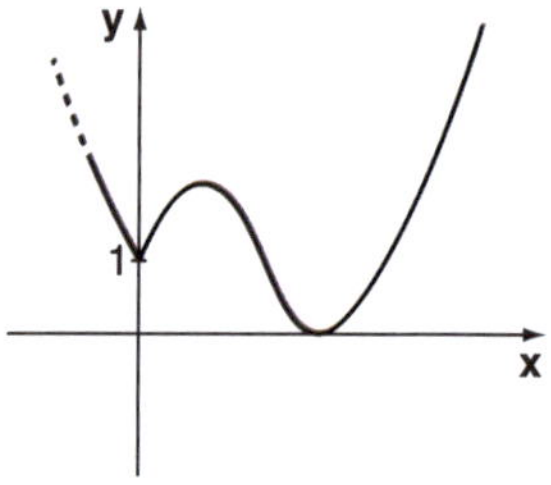

b)

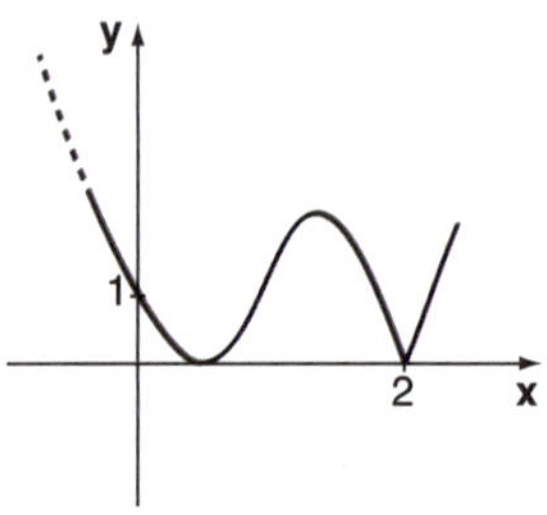

d)

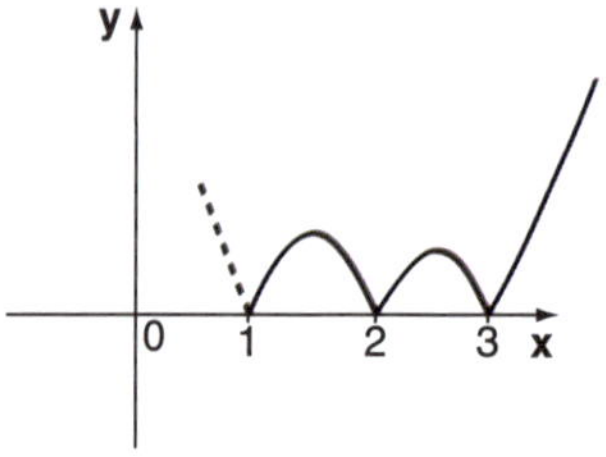

4. (Insper-SP)

Considere as funções $f(x) = x^2 + 1$ e $g(x) = |x + 1| + |x - 1|$.

a) Desenhe no sistema de eixos fornecido abaixo, os gráficos das funções f(x) e g(x).

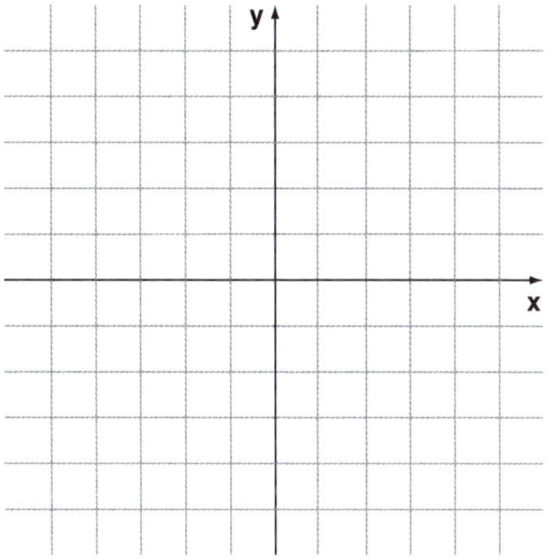

b) Resolva, em $\mathbb{R}$, a inequação $x^2 + 1 > |x + 1| + |x - 1|$.

5. (FGV-SP)

Determine a área da região limitada pelas curvas: $f(x) = ||x - 1| - 1|$ e $g(x) = 2 - \frac{x}{2}$.

6. (UFPE)

Na figura ao lado temos o gráfico de uma função f(x) definida no intervalo fechado [−4, 4].

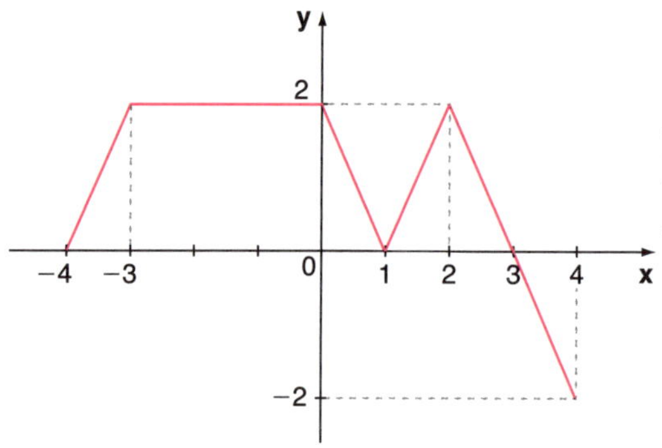

Com respeito à função $g(x) = f(|x|)$ é incorreto afirmar:

a) O ponto (−4, −2) pertence ao gráfico de **g**.

b) O gráfico de **g** é simétrico em relação ao eixo Oy das ordenadas.

c) g(x) se anula para **x** igual a −3, −1, 1 e 3.

d) $g(-x) = g(x)$ para todo **x** no intervalo [−4, 4].

e) $g(x) >= 0$ para todo **x** no intervalo [−4, 4].

7. (UEL-PR)

Tem-se a seguir o gráfico da função de $\mathbb{R}$ em $\mathbb{R}$ dada por

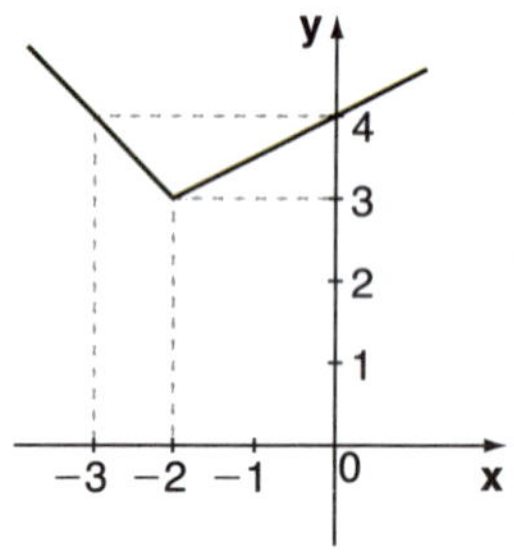

a) $y = |x - 1|$

b) $y = |x - 1| + 3$

c) $\begin{cases} y = -x + 1, \text{ para } x < -2 \\ y = x + 4, \text{ para } x \geq -2 \end{cases}$

d) $\begin{cases} y = \dfrac{x}{2} + 4, \text{ para } x < -2 \\ y = x - 1, \text{ para } x \geq -2 \end{cases}$

e) $\begin{cases} y = -x + 1, \text{ para } x < -2 \\ y = \dfrac{x}{2} + 4, \text{ para } x \geq -2 \end{cases}$

8. (Mack-SP)

O domínio da função real definida por $f(x) = \dfrac{3x}{\sqrt{1 - |3^x - 2|}}$ é:

a)]0,1[b)]1,2[c)]2,3[d)]3,4[e)]4,5[

9. (UFBA)

Considerando-se a função real $f(x) = x^2 - 3\,|x|$, é verdade:

(01) A imagem da função **f** é $[-3, +\infty[$.

(02) A função **f** é bijetora, se $x \in\,]-\infty, -2]$ e $f(x) \in [-2, +\infty[$.

(04) A função **f** é crescente, para todo $x \geqslant 0$.

(08) O gráfico da função **f** intercepta os eixos coordenados em três pontos.

(16) Para todo $x \in \{-1, 4\}$, tem-se $f(x) = 4$.

(32) O gráfico da função **f** é:

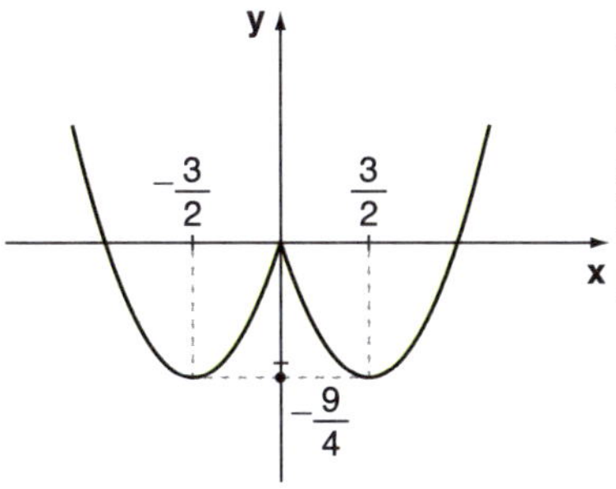

10. (FGV-SP)

Relativamente à função **f**, de $\mathbb{R}$ em $\mathbb{R}$, dada por $f(x) = |x| + |x - 1|$, é correto afirmar que:

a) o gráfico de **f** é a reunião de duas semirretas.

b) o conjunto imagem de **f** é o intervalo $[1, +\infty[$.

c) **f** é crescente para todo $x \in \mathbb{R}$.

d) **f** é decrescente para todo $x \in \mathbb{R}$ e $x \geq 0$.

e) o valor mínimo de **f** é 0.

11. (UFRJ)

Considere a função $f: \mathbb{R} \to \mathbb{R}$ definida por $f(2x) = |1 - x|$.

Determine os valores de **x** para os quais $f(x) = 2$.

12. (Unifesp)

Considere a função $f(x) = \begin{cases} 1, \text{ se } 0 \leq x \leq 2 \\ -2, \text{ se } -2 \leq x < 0 \end{cases}$.

A função $g(x) = |f(x)| - 1$ terá o seguinte gráfico:

a)

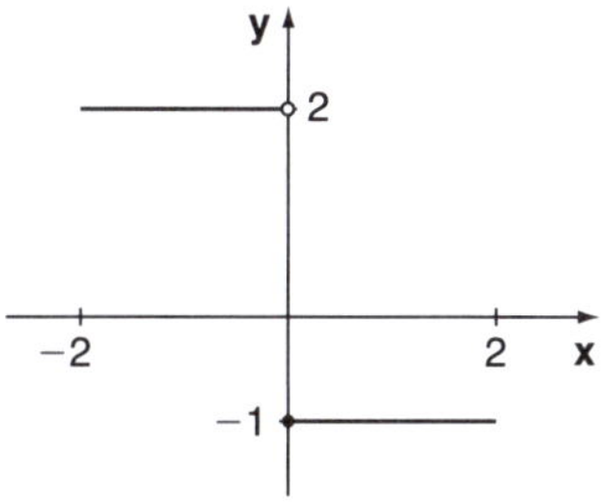

b)

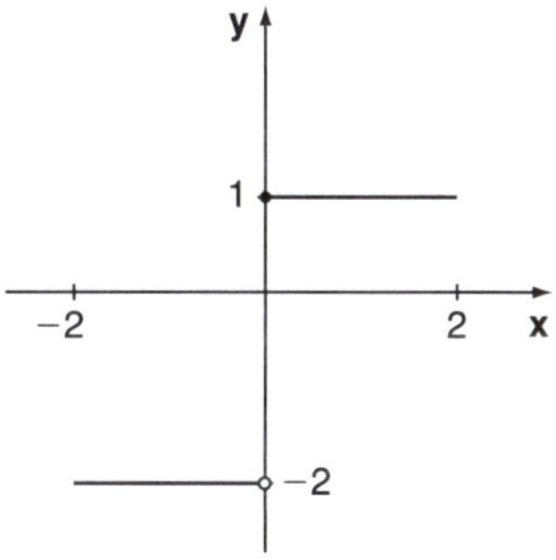

c)

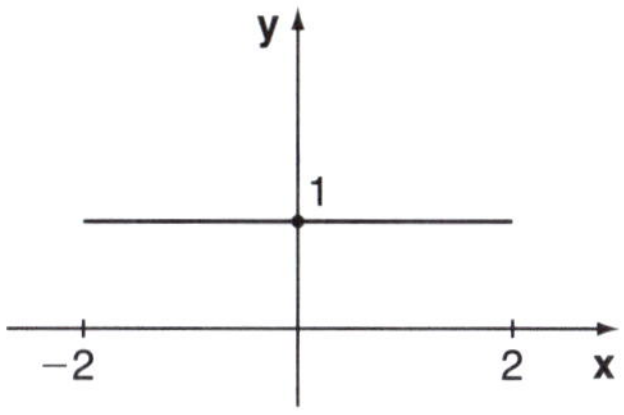

d)

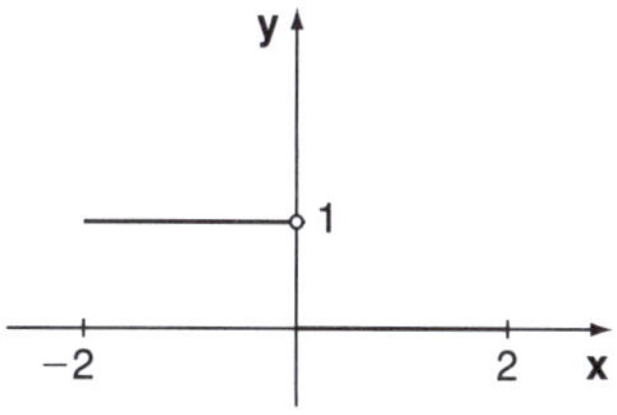

e)

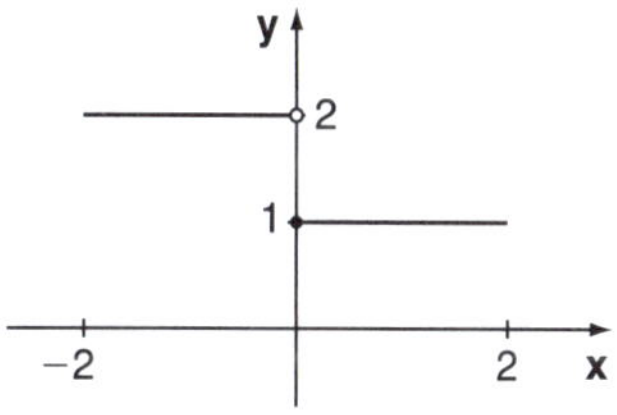

13. (Fuvest-SP)

O módulo |x| de um número real **x** é definido por $|x| = x$, se $x \geqslant 0$, e $|x| = -x$, se $x < 0$. Das alternativas a seguir, a que melhor representa o gráfico da função $f(x) = x \cdot |x| - 2x + 2$ é:

a)

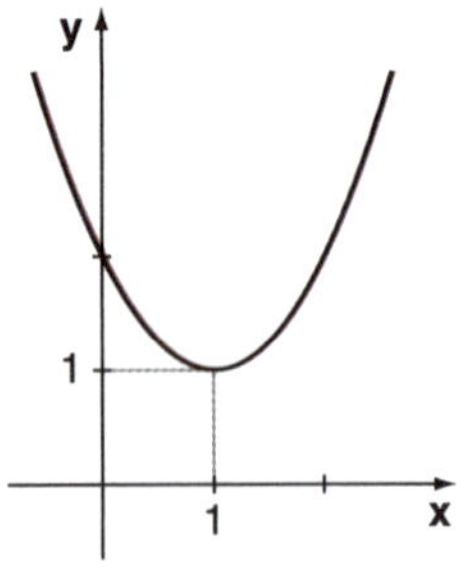

b)

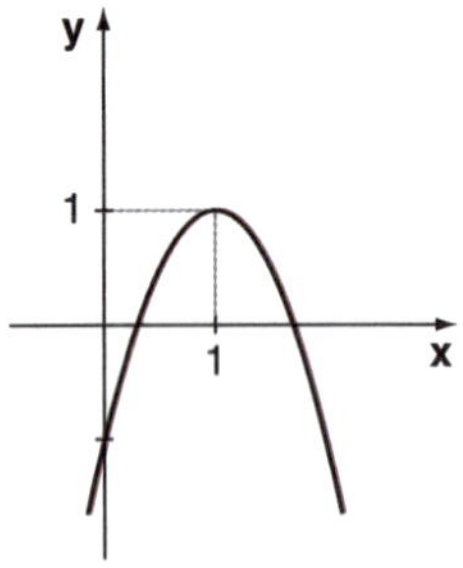

c)

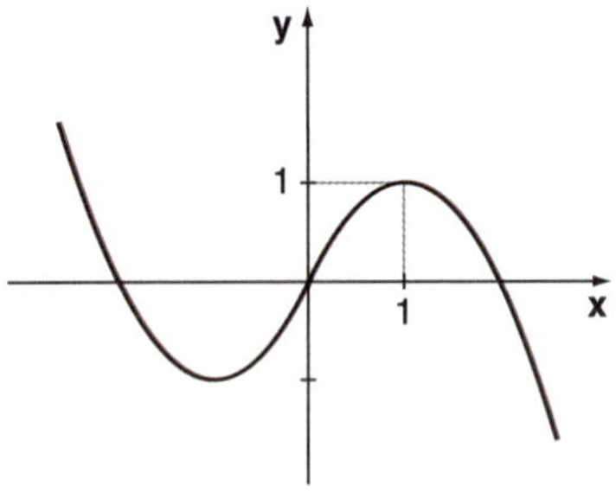

d)

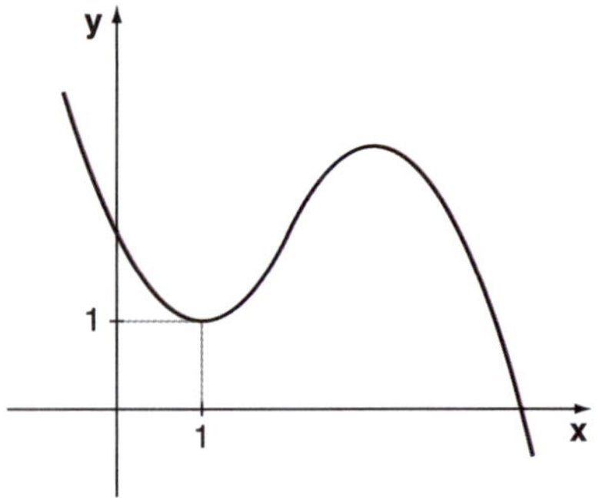

e)

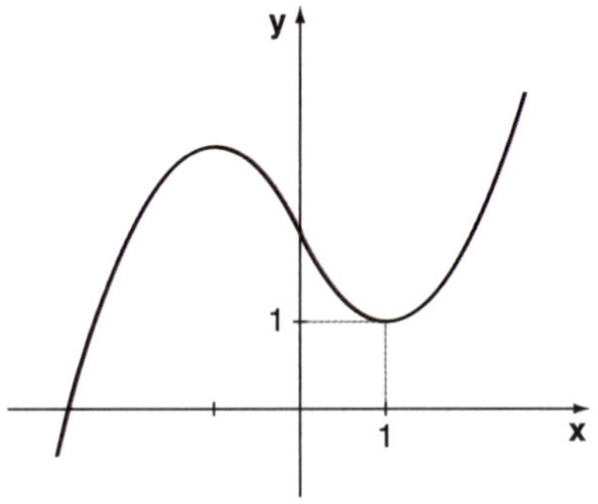

14. (UEL-PR)

Seja **f** a função de $\mathbb{R}$ em $\mathbb{R}$ dada por:

$f(x) = x - 1$, se $x \geqslant 1$

$f(x) = -x + 1$, se $x < 1$

É correto afirmar que

a) $f\left(1-\sqrt{2}\right) = -\sqrt{2}$

b) $f(x) \neq 0$ para todo **x** real

c) o gráfico de **f** é uma reta

d) $f(x) = |x - 1|$

e) **f** é injetora

15. (ITA-SP)

Os valores de **x**, para os quais a função real dada por $f(x) = \sqrt{5 - ||2x - 1| - 6|}$ está definida, formam o conjunto

a) $[0, 1]$.

b) $[-5, 6]$.

c) $[-5, 0] \cup [1, \infty)$.

d) $(-\infty, 0] \cup [1, 6]$.

e) $[-5, 0] \cup [1, 6]$.

16. (FEI-SP)

O conjunto imagem da função f: $\mathbb{R} \to \mathbb{R}$, definida por $f(x) = 1 - |x - 2|$, é:

a) $\{y \in \mathbb{R} \mid y \leq 1\}$
b) $\{y \in \mathbb{R} \mid y \geq 1\}$
c) $\{y \in \mathbb{R} \mid y > 0\}$
d) $\{y \in \mathbb{R} \mid y \leq 2\}$
e) $\{y \in \mathbb{R} \mid y \geq 2\}$

17. (Ufes)

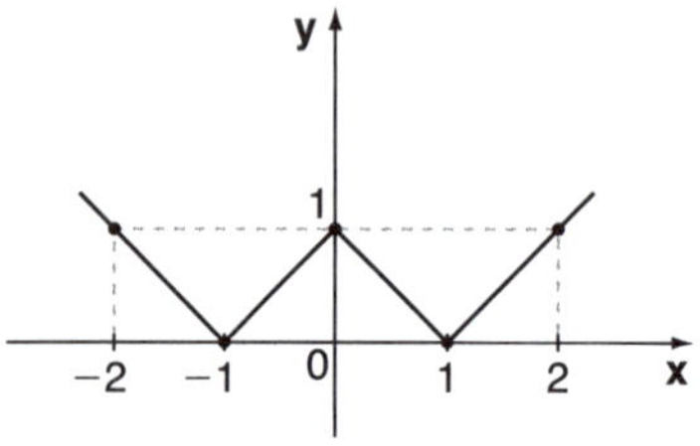

O gráfico acima representa a função

a) $f(x) = ||x| - 1|$
b) $f(x) = |x - 1| + |x + 1| - 2$
c) $f(x) = ||x| + 2| - 3$
d) $f(x) = |x - 1|$
e) $f(x) = ||x| + 1| - 2$

18. (Cesgranrio-RJ)

Seja **f** a função definida no intervalo aberto $(-1, +1)$ por $f(x) = \dfrac{x}{1 - |x|}$. Então $f\left(-\dfrac{1}{2}\right)$ é:

a) $\dfrac{1}{2}$

b) $\dfrac{1}{4}$

c) $-\dfrac{1}{2}$

d) -1

e) -2

19. (MACK-SP)

O maior valor que **y** pode assumir em $y = 3 - |x - 3|$ é:

a) 2
b) 3
c) 6
d) 9
e) 27

20. (UFPR)

Considere a função f: ℝ → ℝ, cujo gráfico está esboçado a seguir. Numere os gráficos abaixo estabelecendo sua correspondência com cada uma das funções apresentadas a seguir:

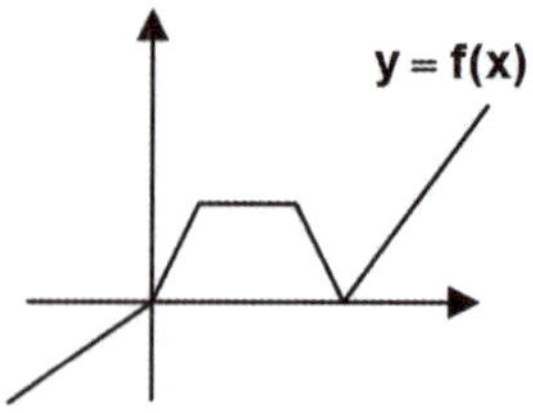

1. $y = |f(x)|$
2. $y = -f(x)$
3. $y = f(-x)$
4. $y = f(x + 2)$
5. $y = f(x) + 2$

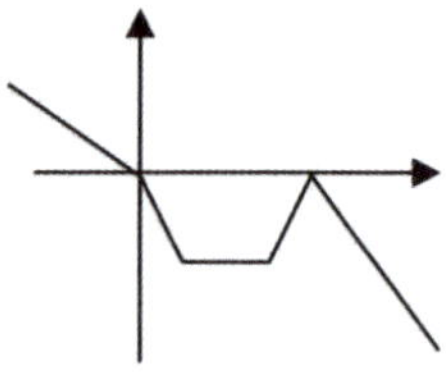

( )

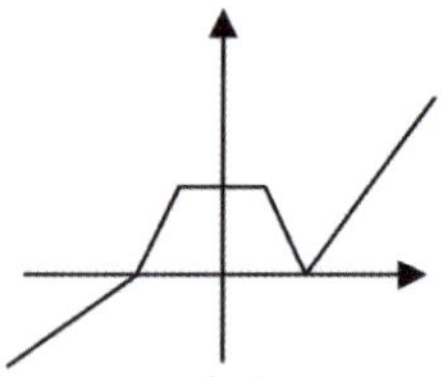

( )

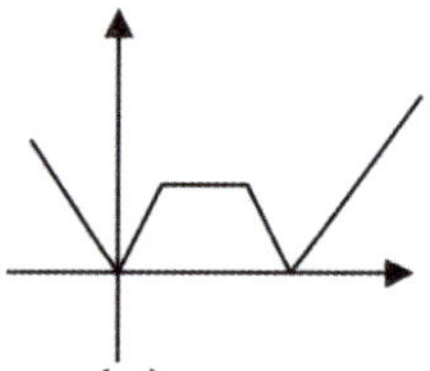

( )

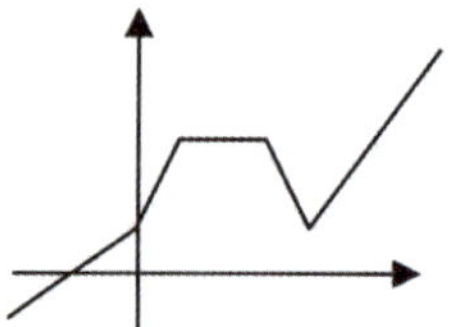

( )

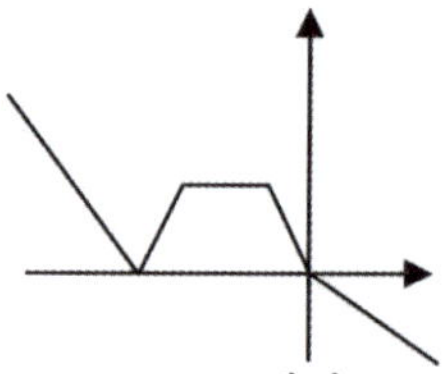

( )

Assinale a alternativa que apresenta a sequência correta, da esquerda para a direita.

a) 2 – 4 – 1 – 5 – 3.
b) 1 – 3 – 2 – 5 – 4.
c) 2 – 5 – 1 – 3 – 4.
d) 2 – 4 – 5 – 1 – 3.
e) 5 – 4 – 1 – 2 – 3.

21. (UPE)

Dos gráficos abaixo, o que mais se assemelha ao gráfico da função $f(x) = ||x + 2| - 2|$ no intervalo $-5 < x < 5$ é:

a)

b)

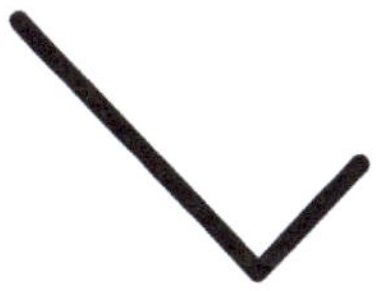

c)

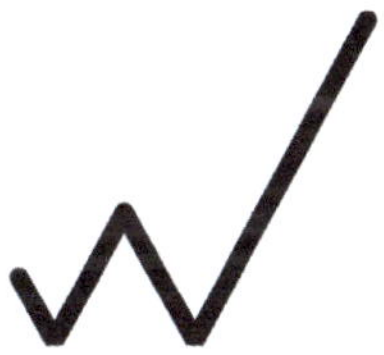

d)

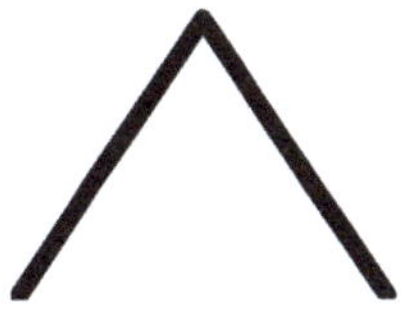

e)

22. (UFMG)

Considere a função $f(x) = x|1 - x|$.

Assinale a alternativa em que o gráfico dessa função está CORRETO.

a)

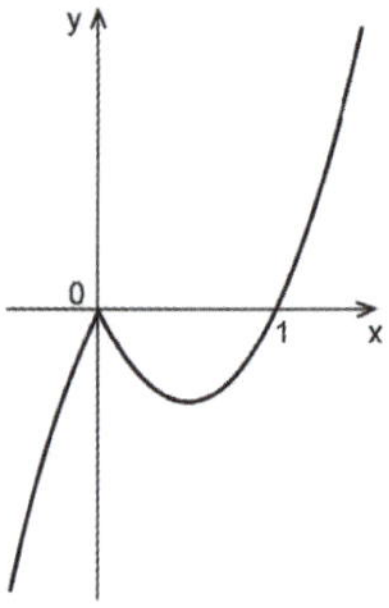

b)

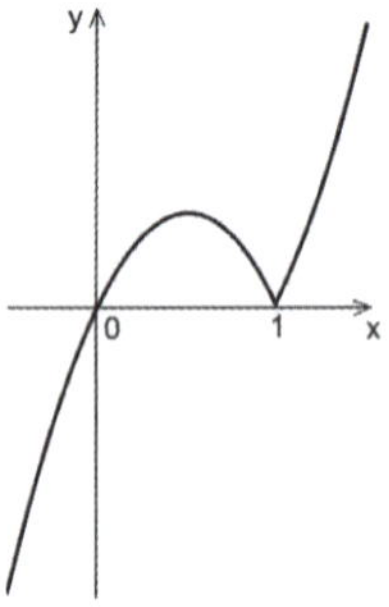

c)

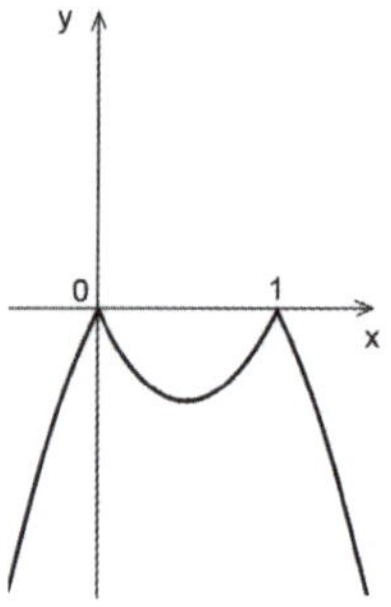

d)

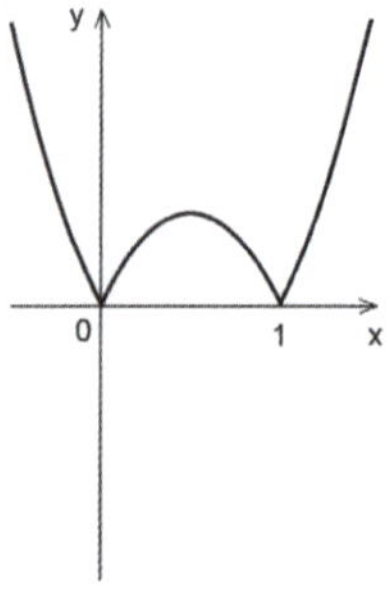

23. (UFC-CE)

Dadas as funções f: $\mathbb{R} \rightarrow \mathbb{R}$ e g: $\mathbb{R} \rightarrow \mathbb{R}$ definidas por $f(x) = |1 - x^2|$ e $g(x) = |x|$, o número de pontos na interseção do gráfico de **f** com o gráfico de **g** é igual a:

a) 5 b) 4 c) 3 d) 2 e) 1

24. (Insper-SP)

Para cada **n** inteiro positivo, os gráficos das funções $f(x) = \frac{|x|}{n}$ e $g(x) = 2 - \frac{|x|}{n}$ delimitam um quadrilátero cujos vértices estão sobre as retas x = 0 e y = 1. A área desse quadrilátero é igual a

a) 2 b) n c) 2n d) 4 e) 4n

TOTAL DE ACERTOS ____ /24

TÓPICO 4

Função exponencial e função logarítmica

Reveja o que aprendeu

Você deve ser capaz de:

- Compreender o conceito de função exponencial e função logarítmica.
- Resolver equações e inequações exponencial e logarítmica.
- Relembrar conceitos de função: sobrejetora, injetora, bijetora, composta e função inversa.

Potência de expoente natural

Dados um número real **a** e um número natural **n**, com $n \geqslant 2$, temos que:

$$a^n = \underbrace{a \cdot a \cdot a \cdot \ldots \cdot a}_{\textbf{n fatores}}$$

Exemplos:

$5^3 = 5 \cdot 5 \cdot 5 = 125$; $(-4)^2 = (-4) \cdot (-4) = 16$; $\left(\frac{2}{3}\right)^4 = \frac{16}{81}$

Potência de expoente inteiro negativo

$$a^{-n} = \frac{1}{a^n}$$

Exemplos:

$2^{-3} = \frac{1}{2^3} = \frac{1}{8}$; $\left(\frac{3}{4}\right)^{-1} = \frac{1}{\left(\frac{3}{4}\right)^1} = \frac{4}{3}$; $\left(\frac{7}{5}\right)^{-2} = \left(\frac{5}{7}\right)^2 = \frac{25}{49}$

Potência de expoente racional

$$a^{\frac{m}{n}} = \sqrt[n]{a^m}$$

Exemplos:

$7^{\frac{1}{2}} = \sqrt{7}$; $27^{\frac{1}{3}} = \sqrt[3]{27} = 3$; $2^{\frac{3}{2}} = \sqrt{2^3} = 2\sqrt{2}$; $16^{-\frac{1}{4}} = \sqrt[4]{16^{-1}} = \sqrt[4]{\frac{1}{16}} = \frac{1}{2}$

Propriedades das potências

Sendo **a** e **b** números reais e **m** e **n** reais, valem as seguintes propriedades:

I) $a^m \cdot a^n = a^{m+n}$

II) $\frac{a^m}{a^n} = a^{m-n}$ $(a \neq 0 \text{ e } m \geqslant n)$

III) $(a \cdot b)^n = a^n \cdot b^n$

IV) $\left(\frac{a}{b}\right)^n = \frac{a^n}{b^n}$ $(b \neq 0)$

V) $(a^m)^n = a^{m \cdot n}$

Função exponencial

Chama-se **função exponencial** qualquer função **f** de $\mathbb{R}$ em $\mathbb{R}_+^*$, dada por uma lei da forma $f(x) = a^x$, em que **a** é um número real dado, $a > 0$ e $a \neq 1$.

- Se $a > 1$, a função definida por $f(x) = a^x$ é crescente. Veja sua representação gráfica ao lado.

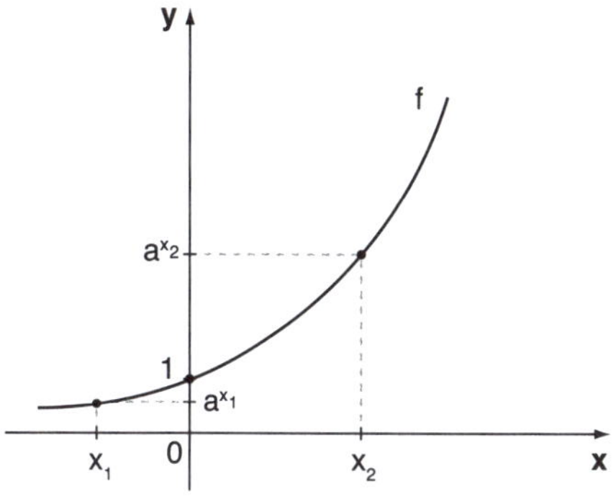

Banco de imagens/Arquivo da editora

Dados **x_1** e **x_2** reais, temos:

$$x_1 < x_2 \Leftrightarrow a^{x_1} < a^{x_2}$$

São crescentes, por exemplo, as funções definidas por: $y = 2^x$, $y = 3^x$; $y = e^x$; $y = \left(\frac{3}{2}\right)^x$; $y = 10^x$, etc.

e é número irracional, cujo valor aproximado é 2,7183.

- Se $0 < a < 1$, a função definida por $f(x) = a^x$ é decrescente. Veja seu gráfico ao lado.

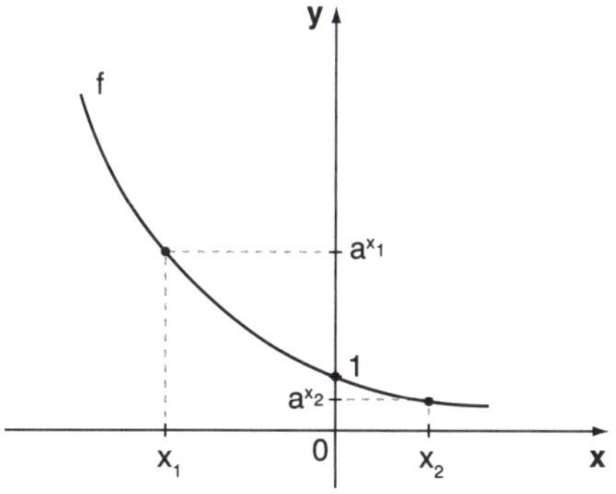

Banco de imagens/Arquivo da editora

Dados **x_1** e **x_2** reais, temos:

$$x_1 < x_2 \Leftrightarrow a^{x_1} > a^{x_2}$$

São decrescentes, por exemplo, as funções definidas por: $y = \left(\frac{1}{2}\right)^x$; $y = \left(\frac{1}{3}\right)^x$; $y = \left(\frac{1}{10}\right)^x$; $y = 0{,}2^x$, etc.

Equação exponencial

Uma **equação exponencial** é aquela que apresenta a incógnita no expoente de pelo menos uma de suas potências.

O método de resolução é baseado na seguinte propriedade, com $a > 0$ e $a \neq 1$:

$$a^{x_1} = a^{x_2} \Rightarrow x_1 = x_2$$

Exemplos:

- $\left(\frac{1}{2}\right)^x = 32 \Rightarrow \left(2^{-1}\right)^x = 2^5 \Rightarrow 2^{-x} = 2^5 \Rightarrow -x = 5 \Rightarrow x = -5$
- $\left(\sqrt[5]{3}\right)^x = \frac{1}{27} \Rightarrow \left(3^{\frac{1}{5}}\right)^x = 3^{-3} \Rightarrow 3^{\frac{x}{5}} = 3^{-3} \Rightarrow \frac{x}{5} = -3 \Rightarrow x = -15$
- $2^{x+1} - 6 \cdot 2^{x-2} = 4 \Rightarrow 2^x \cdot 2^1 - 6 \cdot \frac{2^x}{2^2} = 4 \xrightarrow{2^x = y} 2y - \frac{3}{2}y = 4 \Rightarrow \frac{y}{2} = 4 \Rightarrow$
  $\Rightarrow y = 8 \Rightarrow 2^x = 8 \Rightarrow x = 3$
- $9^x + 7 \cdot 3^x - 30 = 0 \xrightarrow{3^x = y} y^2 + 7y - 30 = 0 \Rightarrow y = -10$ (não serve) ou $y = 3$. Daí $3^x = 3 \Rightarrow$
  $\Rightarrow x = 1$

Inequação exponencial

Uma **inequação exponencial** é aquela que apresenta incógnita no expoente de pelo menos uma das suas potências.

Devemos escrever os dois membros da desigualdade em potências de mesma base.

1º caso) base maior que 1: sinal da desigualdade se mantém.

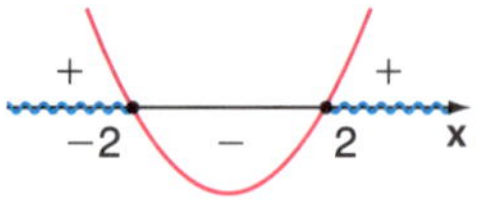

Exemplo:

$7^{x^2-2} > 49 \Rightarrow 7^{x^2-2} > 7^2 \Rightarrow x^2 - 2 > 2 \Rightarrow$

$\Rightarrow x^2 - 4 > 0$ (inequação de 2º grau)

$S = \{x \in \mathbb{R} \mid x < -2 \text{ ou } x > 2\}$

2º caso) base entre 0 e 1: sinal da desigualdade se inverte.

Exemplo:

$$\left(\frac{2}{3}\right)^{4x-1} > 1 \Rightarrow \left(\frac{2}{3}\right)^{4x-1} > \left(\frac{2}{3}\right)^{0} \Rightarrow 4x - 1 < 0 \Rightarrow x < \frac{1}{4}$$

$$S = \left\{x \in \mathbb{R} \,\middle|\, x < \frac{1}{4}\right\}$$

Notação científica

Números muito pequenos ou muito grandes são frequentes em estudos científicos e medições de grandezas permeando várias áreas do conhecimento, como Física, Química, Astronomia, Biologia, Meio Ambiente, etc. Observe alguns exemplos:

I. A massa do planeta Terra é de 5 980 000 000 000 000 000 000 000 kg.

II. A distância entre a Terra e a Lua é de 384 000 000 m.

III. A massa de um próton é de 0,000000000000000000000000001673 kg.

A leitura desses números é facilitada quando são escritos em **notação científica**. Basicamente, trata-se de escrevê-los como o produto de um número real **a**$(1 < a < 10)$ e uma potência de base dez e expoente inteiro. Observe os exemplos acima escritos em notação científica:

I. $5{,}98 \cdot 10^{24}$ kg

II. $3{,}84 \cdot 10^{8}$ m

III. $1{,}673 \cdot 10^{-27}$ kg

Podemos também usar a notação científica para fazer contas do tipo

$0{,}000\,000\,000\,8 : 0{,}000\,000\,25 =$

↓ ↓

$$= 8 \cdot 10^{-10} : 2{,}5 \cdot 10^{-7} = \frac{8 \cdot 10^{-10}}{2{,}5 \cdot 10^{-7}} = 3{,}2 \cdot 10^{-10-(-7)} = 3{,}2 \cdot 10^{-3}$$

Função logarítmica

Sendo **a** e **b** números reais e positivos, com $a \neq 1$, chama-se **logaritmo** de **b** na base **a** o expoente **x** ao qual se deve elevar a base **a** de modo que a potência a^x seja igual a **b**.

$$\log_a b = x \Leftrightarrow a^x = b$$

- **a** é a **base** do logaritmo: $a > 0$ e $a \neq 1$
- **b** é o **logaritmando**: $b > 0$
- **x** é o **logaritmo**: $x \in \mathbb{R}$

Exemplos:

$\log_5 125 = 3$ (pois $5^3 = 125$) $\quad \log_2 \frac{1}{4} = -2 \quad \log_9^3 = \frac{1}{2}\left(\text{pois } 9^{\frac{1}{2}} = \sqrt{9} = 3\right) \quad \log_4 1 = 0$

Observações:

- $\log x = \log_{10} x$ (logaritmo decimal de **x**)
  Assim: $\log 100 = 2$; $\log 1\,000 = 3$; $\log 0{,}1 = -1$
- $\log_a 1 = 0$, para todo $a > 0$ e $a \neq 1$
- $\log_a a = 1$
- $a^{\log_a b} = b$
  Exemplo: $9^{\log_3 5} = \left(3^2\right)^{\log_3 5} = \left(3^{\log_3 5}\right)^2 = 5^2 = 25$
- $\log_e x = \ln x$ (logaritmo natural ou neperiano de **x**; $e \simeq 2{,}718$)

Propriedades operatórias

P1) $\log_a(b \cdot c) = \log_a b + \log_a c$

P2) $\log_a\left(\dfrac{b}{c}\right) = \log_a b - \log_a c$

P3) $\log_a b^r = r \cdot \log_a b$

Mudança de base

Suponha **a**, **b** e **c** números reais positivos, com **a** e **b** diferentes de 1. Temos:

$$\log_a c = \frac{\log_b c}{\log_b a}$$

Por exemplo, escrevendo $\log_{100} 2$ na base 10, obtemos:

$$\log_{100} 2 = \frac{\log_{10} 2}{\log_{10} 100} = \frac{\log 2}{2} = \frac{1}{2} \cdot \log 2$$

Observação:

$$\log_b a = \frac{1}{\log_a b}$$

Função logarítmica

Dado um número real **a** ($0 < a$ e $a \neq 1$), chama-se **função logarítmica** de base **a** a função **f** de $\mathbb{R}_+^*$ em $\mathbb{R}$ dada pela lei $f(x) = \log_a x$.

Gráfico e propriedades

Domínio (D): $x > 0$

$a > 1$

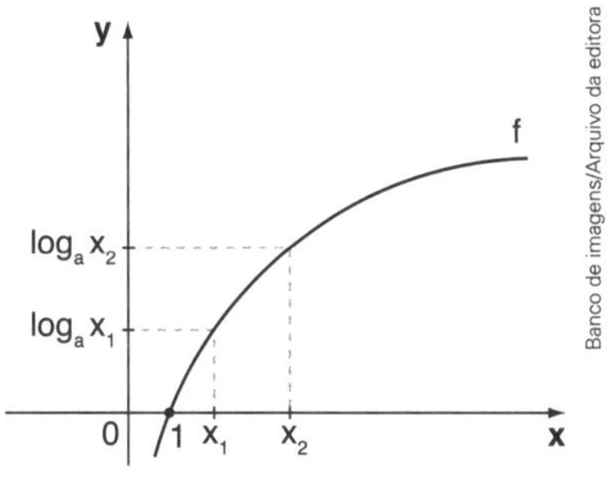

f é crescente

$Im = \mathbb{R}$

$0 < a < 1$

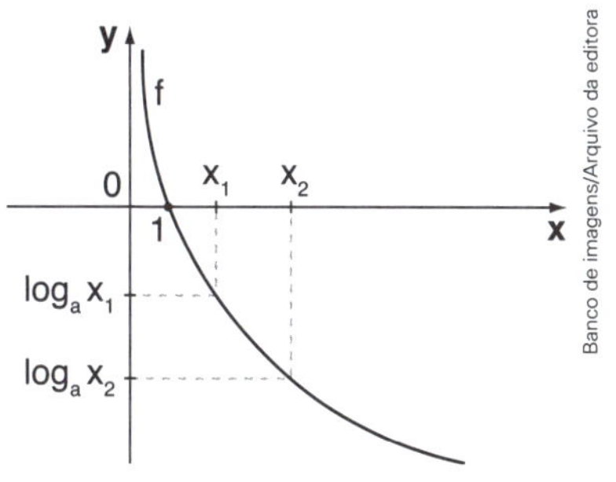

f é decrescente

$Im = \mathbb{R}$

Equações exponenciais com uso de logaritmos

$$a^x = b \Leftrightarrow x = \log_a b$$

Equações logarítmicas

Na resolução de equações logarítmicas é preciso verificar se as condições de existência dos logaritmos estão satisfeitas. Lembre-se de que $\log_a b$ existe se $a > 0$, $b > 0$ e $a \neq 1$. Geralmente, as equações se reduzem a dois casos:

- $\log_a f(x) = \log_a g(x) \Rightarrow f(x) = g(x) > 0$
- $\log_a f(x) = r \Rightarrow f(x) = a^r$

Inequações logarítmicas

- $\log_a f(x) < \log_a g(x) \Rightarrow \begin{cases} 0 < f(x) < g(x); \text{ se a base é maior que 1, isto é, } a > 1 \\ f(x) > g(x) > 0; \text{ se a base está entre 0 e 1, isto é, } 0 < a < 1 \end{cases}$
- $\log_a f(x) > r$ ou $\log_a f(x) < r$

Escrevemos $r = \log_a a^r$ e recaímos no caso anterior.

Complementos sobre funções

Função sobrejetora

Uma função f: A → B é **sobrejetora** quando, para todo **y** pertencente a **B**, existe ao menos um **x** pertencente a **A** tal que $f(x) = y$.

Se f: A → B é sobrejetora, ocorre $Im(f) = B$.

Exemplo:

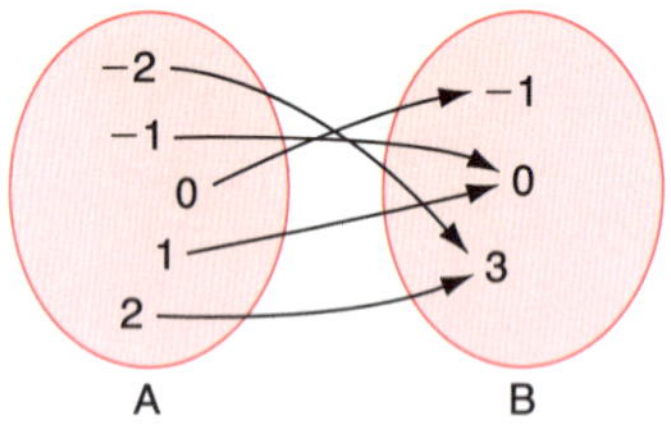

Banco de imagens/Arquivo da editora

f: A → B dada por $f(x) = x^2 - 1$ é sobrejetora. Observe que $Im(f) = B$.

Função injetora

Uma função f: A → B é **injetora** se, para todo $\mathbf{x_1}$ e $\mathbf{x_2}$ pertencentes a **A**, se $x_1 \neq x_2$, então $f(x_1) \neq f(x_2)$.

Exemplo:

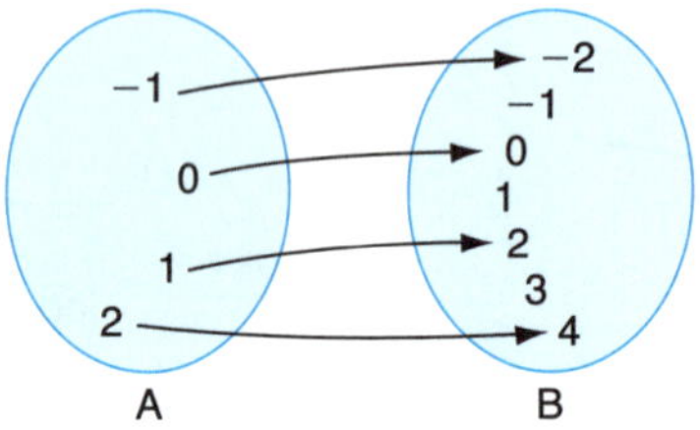

Banco de imagens/Arquivo da editora

f: A → B dada por $f(x) = 2x$ é injetora, e **f** não é sobrejetora.

Observação: a função dada no exemplo de função sobrejetora não é injetora, pois $f(-2) = f(2)$ e $f(-1) = f(1)$.

Função bijetora

f: A → B é **bijetora** se **f** é, simultaneamente, sobrejetora e injetora.

Função inversa

Seja f: A → B uma função bijetora.

A função f^{-1}: B → A tal que f(a) = b ⇔ $f^{-1}(b) = a$, com a ∈ A e b ∈ B, é chamada **inversa de f**.

Nesse caso, dizemos que **f** é inversível.

O gráfico de f^{-1} é simétrico do gráfico de **f** em relação à bissetriz do 1º e do 3º quadrantes.

Procedimento para determinar a lei de f^{-1}:

1º) Trocar **x** por **y** na lei de **f**;

2º) Isolar **y**.

Função composta

Sejam f: A → B e g: C → D duas funções, tais que o conjunto imagem de **f** está contido em **C** (domínio da função **g**). Chama-se **função composta de g com f** a função de **A** em **D** indicada por g ∘ f e definida por (g ∘ f)(x) = g(f(x)), para todo x ∈ A.

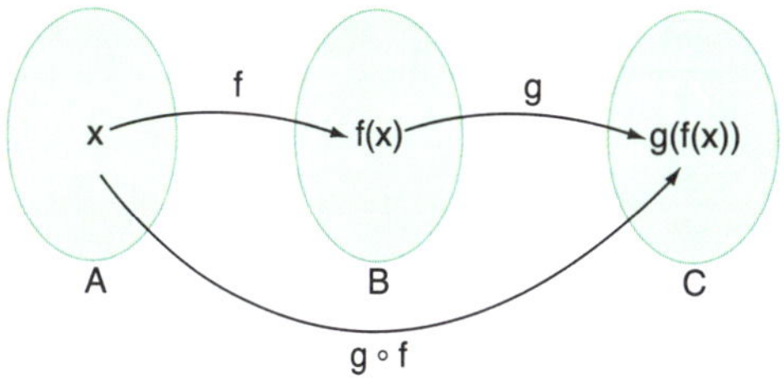

Banco de imagens/Arquivo da editora

Observe que a imagem de cada x ∈ A é obtida pelo seguinte procedimento:

1º) aplica-se a **x** a função **f**, obtendo-se f(x);

2º) aplica-se a f(x) a função **g**, obtendo-se g(f(x)).

Observe, nesse exemplo, que: f: **A** em **B** e g: **B** em **C**.

Aplique o que aprendeu

Exercícios resolvidos

1. Considerando log 2 ≃ 0,3 e log 3 ≃ 0,48, obtenha o valor de $\log\left(\frac{\sqrt[7]{60}}{100}\right)$.

Solução:

$$\log\left(\frac{\sqrt[7]{60}}{100}\right) \overset{(P2)}{=} \log\sqrt[7]{60} - \log 100 = \log 60^{\frac{1}{7}} - 2 \overset{(P3)}{=} \frac{1}{7}\cdot\log 60 - 2 = \frac{1}{7}\cdot\log\left(2^2\cdot 3\cdot 5\right) - 2 =$$

$$\overset{(P3)}{=} \frac{1}{7}\cdot\left[\log 2^2 + \log 3 + \log 5\right] - 2 \overset{(P3)}{=} \frac{1}{7}\cdot\left[2\log 2 + \log 3 + \log\left(\frac{10}{2}\right)\right] - 2 =$$

$$= \frac{1}{7}\cdot\left[2\cdot 0{,}3 + 0{,}48 + \left(\log 10 - \log 2\right)\right] - 2 = \frac{1}{7}\cdot\left[0{,}6 + 0{,}48 + 0{,}7\right] - 2 \simeq -1{,}7457$$

2. Sendo log 2 ≃ 0,301 e log 3 ≃ 0,4771, resolva a equação $3^x = 16$.

Solução:

$3^x = 16 \Leftrightarrow \log_3 16 = x$

Mudando para a base 10, temos:

$$x = \frac{\log 16}{\log 3} = \frac{\log 2^4}{\log 3} = \frac{4\cdot\log 2}{\log 3} = \frac{4\cdot 0{,}301}{0{,}4771} \simeq 2{,}52$$

3. Resolva, em $\mathbb{R}$, $\log_2 (x - 3) - \log_2 (x + 1) = -3$.

Solução:

Vamos usar a propriedade 2:

$$\log_2(x-3) - \log_2(x+1) = \log_2\left(\frac{x-3}{x+1}\right)$$

A equação pode ser reescrita como:

$$\log_2\left(\frac{x-3}{x+1}\right) = -3 \Rightarrow 2^{-3} = \frac{x-3}{x+1} \Rightarrow$$

$$\Rightarrow \frac{1}{8} = \frac{x-3}{x+1} \Rightarrow x = \frac{25}{7}$$

Verificação:

Substituímos **x** por $\frac{25}{7}$ na equação dada no enunciado, temos:

$$\frac{25}{7} - 3 = \frac{4}{7} > 0$$

$$\frac{25}{7} + 1 = \frac{32}{7} > 0$$

$$S = \left\{\frac{25}{7}\right\}$$

4. Resolva, em $\mathbb{R}$, a inequação:

$$\log_{\frac{1}{3}}(x-1) > 2$$

Solução:

$$\underbrace{\log_{\frac{1}{3}}(x-1) > \log_{\frac{1}{3}}\left(\frac{1}{3}\right)^2}_{\text{base entre 0 e 1}} \Rightarrow 0 < x - 1 \underset{\text{sinal se inverte}}{<} \left(\frac{1}{3}\right)^2 \Rightarrow$$

$$\Rightarrow 0 < x - 1 < \frac{1}{9} \Rightarrow 1 < x < \frac{10}{9}$$

5. Verifique se $f: \mathbb{R}^* \rightarrow \mathbb{R}^*$ dada por $f(x) = 3x$ é bijetora.

Solução:

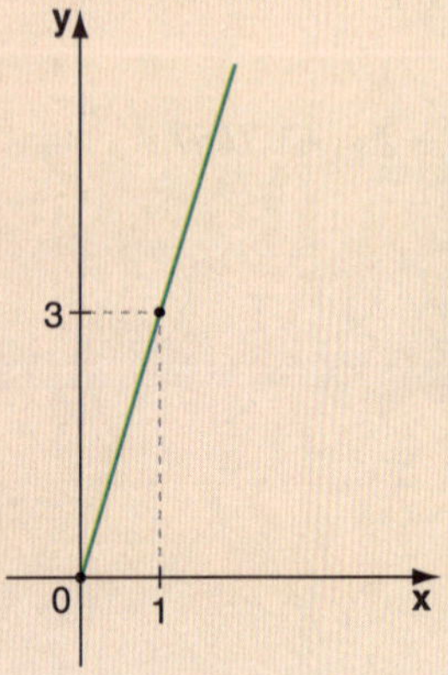

Banco de imagens/Arquivo da editora

f é sobrejetora, pois $\text{Im}(f) = \mathbb{R}^*_2$, que é o contradomínio de **f**.

f é injetora, pois dados $x_1 \neq x_2$, com $x_1 > 0$ e $x_2 > 0$, temos $3x_1 \neq 3x_2$, isto é, $f(x_1) \neq f(x_2)$.

Logo **f** é bijetora.

6. Seja $f: \mathbb{R} \rightarrow \mathbb{R}$ dada por $y = -2x + 1$. Determinar a lei de $\mathbf{f}^{-1}$ e representar **f** e $\mathbf{f}^{-1}$ no mesmo plano cartesiano.

Solução:

$$y = -2x + 1 \overset{\text{"troca"}}{\Rightarrow} x = -2y + 1 \overset{\text{"isola"}}{\Rightarrow} 2y = 1 - x \Rightarrow$$

$$\Rightarrow y = \frac{1-x}{2} \left(\text{ou } f^{-1}(x) = \frac{1-x}{2}\right)$$

$f(x) = -2x + 1$

x	y
0	1
1	−1

x	y
1	0
−1	1

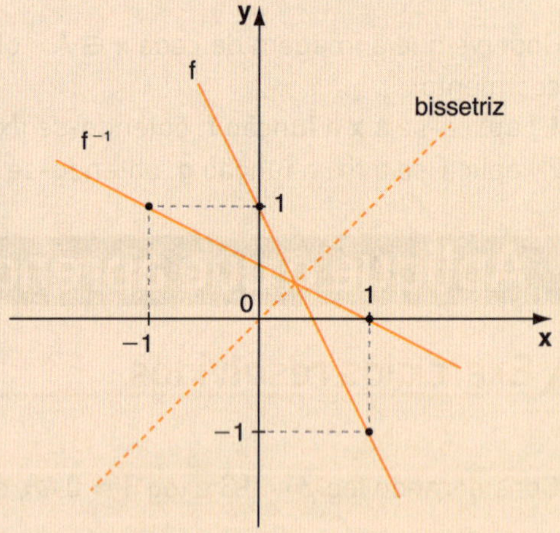

Banco de imagens/Arquivo da editora

$$f^{-1}(x) = \frac{1-x}{2}$$

7. Sejam $f: \mathbb{R} \rightarrow \mathbb{R}$ dada por $f(x) = x^2 - 2$ e $g: \mathbb{R} \rightarrow \mathbb{R}$ dada por $g(x) = 3x + 1$.

Determine:

a) a lei que define $g \circ f$;

b) $f(g(-1))$.

Solução:

a) $(g \circ f)(x) = g(f(x)) = g(x^2 - 2) = 3 \cdot (x^2 - 2) + 1 =$
$= 3x^2 - 5$

b) $g(-1) = 3 \cdot (-1) + 1 = -2$;
$f(-2) = (-2)^2 - 2 = 2$

Assim, $f(g(-1)) = 2$.

Questões

1. (Enem)

Ao abrir um negócio, um microempresário descreveu suas vendas, em milhares de reais (unidade monetária brasileira), durante os dois primeiros anos. No primeiro ano, suas vendas cresceram de modo linear. Posteriormente, ele decidiu investir em propaganda, o que fez suas vendas crescerem de modo exponencial.

Qual é o gráfico que melhor descreve as vendas em função do tempo?

a)

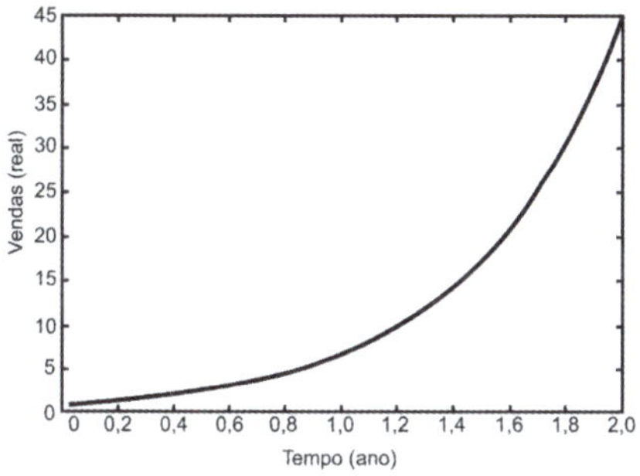

b)

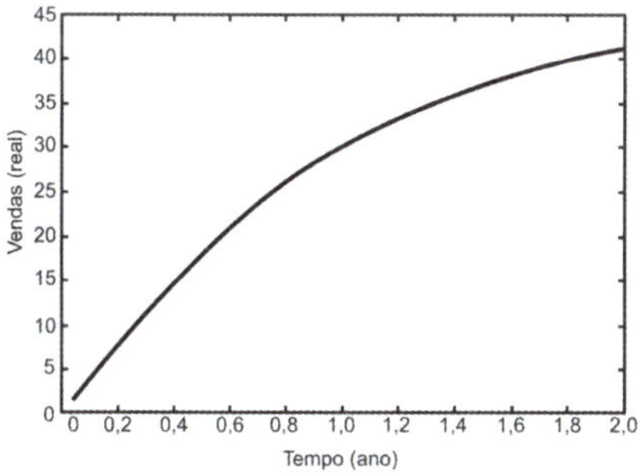

c)

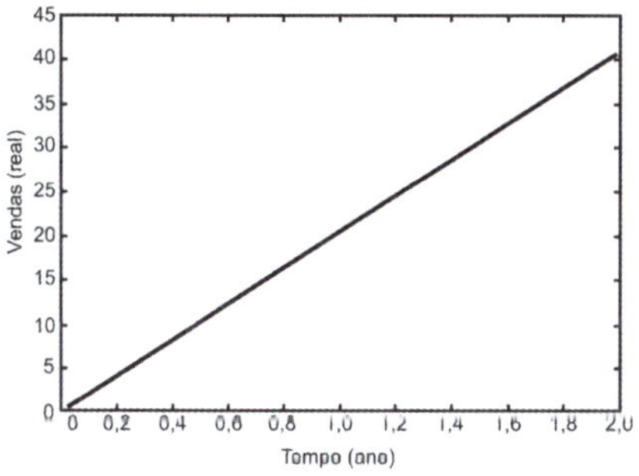

d)

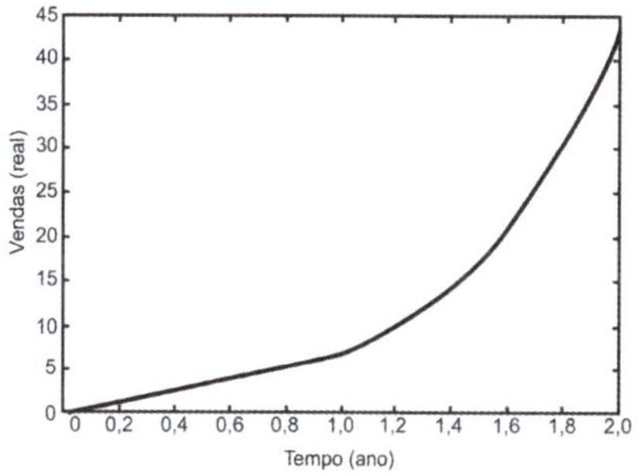

e)

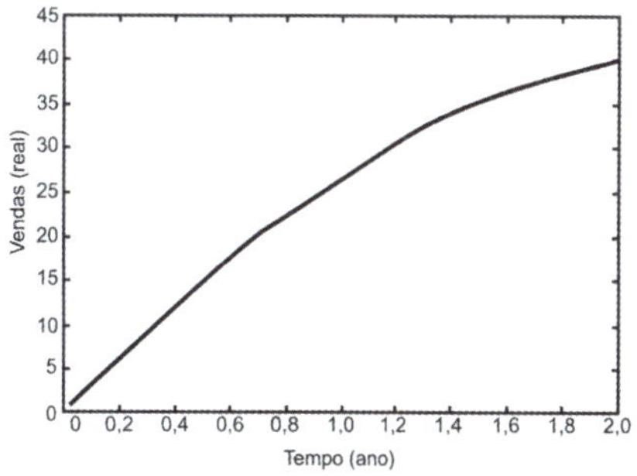

2. (ESPM-SP)

Um novo aparelho eletrônico foi lançado no mercado em janeiro de 2014, quando foram vendidas cerca de 3 milhões de unidades. A partir de então, esse número teve um crescimento exponencial, dado pela expressão $V = n \cdot k^t$, onde **n** e **k** são constantes reais e **t** é o número de meses após o lançamento (jan = 0, fev = 1, etc.). Se, em fevereiro desse ano, foram vendidos 4,5 milhões de aparelhos, podemos concluir que, no mês seguinte, esse número passou para:

a) 5,63 milhões
b) 10,13 milhões
c) 4,96 milhões
d) 8,67 milhões
e) 6,75 milhões

3. (UPF-RS)

Considere a área de uma folha de papel A4, com 297 mm de comprimento e 210 mm de largura. Dobrando ao meio a folha de papel por sucessivas vezes, são formados retângulos cada vez menores. A tabela a seguir relaciona as medidas e a área dos retângulos obtidos a cada dobragem.

Nº de dobragens	1	2	3	4
Largura (mm)	148,5	105	74,25	52,5
Comprimento (mm)	210	148,5	105	74,25
Área (mm^2)	31185	15592,5	7796,25	3898,125

Analise as afirmações a seguir.

I. Existe proporcionalidade inversa entre o número de dobragens e a área do retângulo obtido.
II. A relação de dependência entre as variáveis número de dobragens e área do retângulo pode ser expressa como uma função linear.
III. O fator de proporcionalidade entre o número de dobragens e a área do retângulo é k = 12.
IV. A relação de dependência entre as variáveis número de dobragens e área do retângulo pode ser expressa como uma função exponencial.

Está **correto** apenas o que se afirma em:

a) I, II e III.
b) I e III.
c) II.
d) III e IV.
e) IV.

4. (FGV-SP)

Se $\frac{m}{n}$ é a fração irredutível que é solução da equação exponencial $9^x - 9^{x-1} = 1944$, então, $m - n$ é igual a

a) 2
b) 3
c) 4
d) 5
e) 6

5. (PUC-PR)

O número de bactérias **N** em um meio de cultura que cresce exponencialmente pode ser determinado pela equação $N = N_0e^{kt}$ em que $\mathbf{N_0}$ é a quantidade inicial, isto é, $N_0 = N(0)$ e **k** é a constante de proporcionalidade. Se inicialmente havia 5 000 bactérias na cultura e 8 000 bactérias 10 minutos depois, quanto tempo será necessário para que o número de bactérias se torne duas vezes maior que o inicial?

(Dados: $\ln 2 = 0,69$; $\ln 5 = 1,61$)

a) 11 minutos e 25 segundos.
b) 11 minutos e 15 segundos.
c) 15 minutos.
d) 25 minutos.
e) 25 minutos e 30 segundos.

6. (PUC-RS)

O decrescimento da quantidade de massa de uma substância radioativa pode ser apresentado pela função exponencial real dada por $f(t) = a^t$. Então, pode-se afirmar que

a) $a < 0$
b) $a = 0$
c) $0 < a < 1$
d) $a > 1$
e) $a \in \mathbb{R}$

7. (FGV-SP)

O valor de um carro decresce exponencialmente, de modo que seu valor, daqui a **x** anos, será dado por $V = Ae^{-kx}$, em que $e = 2{,}7182...$. Hoje, o carro vale R$ 40 000,00 e daqui a 2 anos valerá R$ 30 000,00.

Nessas condições, o valor do carro daqui a 4 anos será:

a) R$ 17 500,00
b) R$ 20 000,00
c) R$ 22 500,00
d) R$ 25 000,00
e) R$ 27 500,00

8. (UEL-PR)

Seja a equação exponencial:

$$9^{x+3} = \left(\frac{1}{27}\right)^x$$

Assinale a alternativa que contém a solução da equação exponencial dada.

a) $x = -6$
b) $x = -\frac{6}{5}$
c) $x = \frac{5}{6}$
d) $x = \frac{5}{2}$
e) $x = 6$

9. (Udesc)

A solução da equação exponencial $25^x - 26 \cdot 5^x + 25 = 0$ é:

a) 0 e 2

b) 1 e 2

c) −1 e 2

d) 0 e −1

e) 0 e 1

10. (Uerj)

A inflação anual de um país decresceu no período de sete anos. Esse fenômeno pode ser representado por uma função exponencial do tipo $f(x) = a \cdot b^x$, conforme o gráfico a seguir.

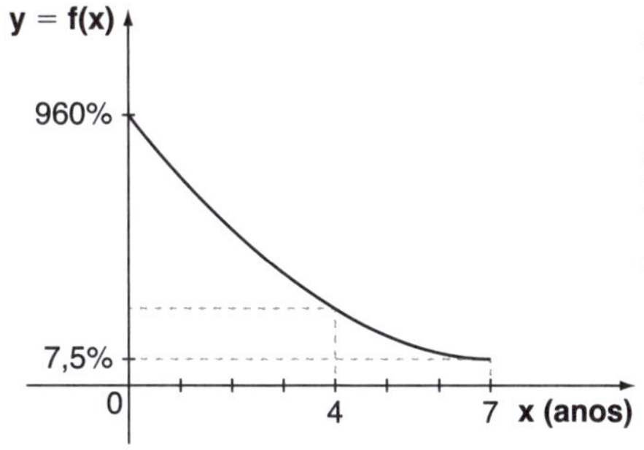

Determine a taxa de inflação desse país no quarto ano de declínio.

11. (Fatec-SP)

Qualquer quantidade de massa do chumbo 210 diminui em função do tempo devido à desintegração radioativa. Essa variação pode ser descrita pela função exponencial dada por $m = m_0 \cdot 2^{-xt}$. Nessa sentença, $\mathbf{m_x}$ é a massa (em gramas) no tempo **t** (em anos), $\mathbf{m_0}$ é a massa inicial e **x** é uma constante real. Sabendo-se que, após 66 anos, tem-se apenas $\frac{1}{8}$ da massa inicial, o valor **x** é:

a) -3

b) $\frac{1}{3}$

c) -22

d) $\frac{1}{22}$

e) $\frac{1}{8}$

12. (PUC-RS)

A função exponencial é usada para representar as frequências das notas musicais.

Dentre os gráficos a seguir, o que melhor representa a função $f(x) = e^x + 2$ é:

a) 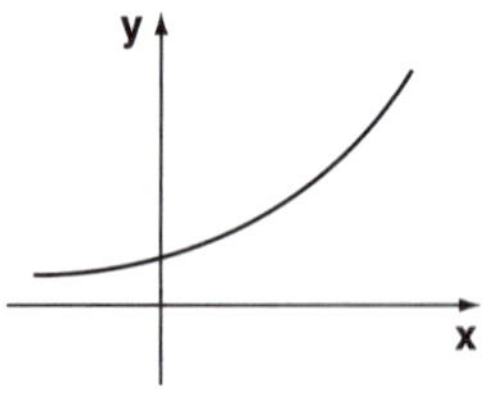

b) 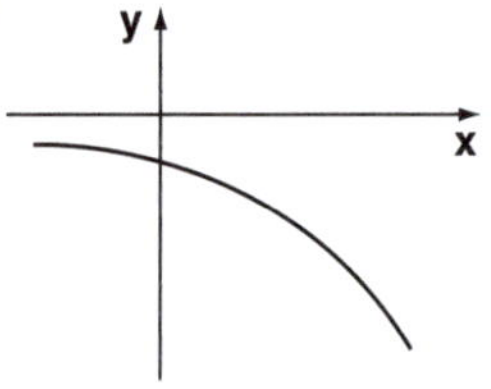

c) 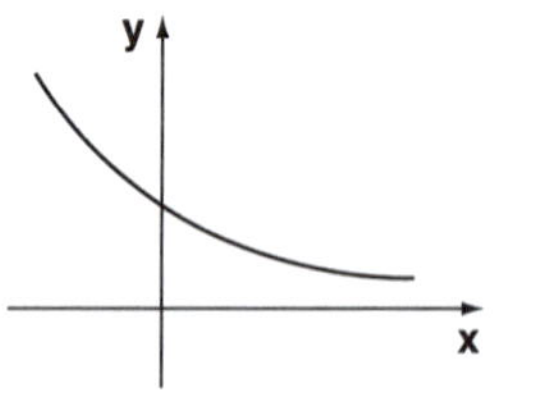

d) 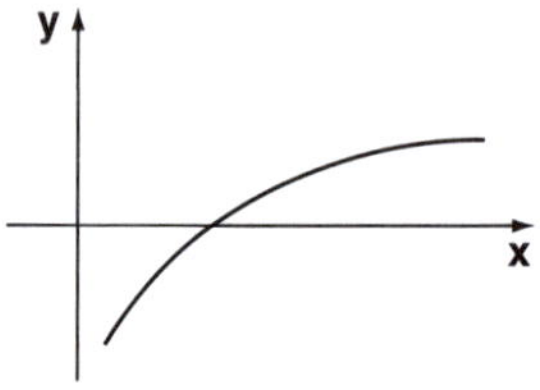

e) 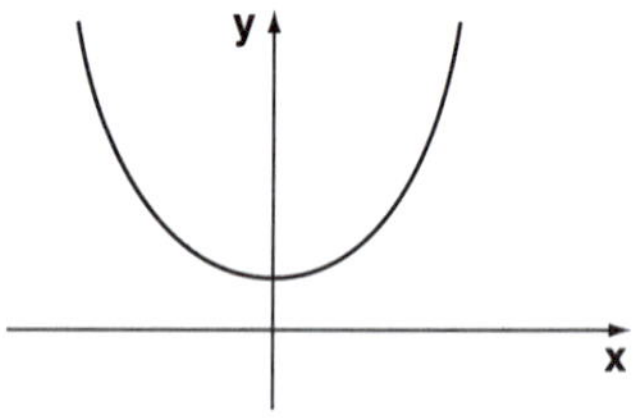

13. (UEL-PR)

Leia o texto a seguir e responda à(s) questão(ões).

Um dos principais impactos das mudanças ambientais globais é o aumento da frequência e da intensidade de fenômenos extremos, que, quando atingem áreas ou regiões habitadas pelo homem, causam danos. Responsáveis por perdas significativas de caráter social, econômico e ambiental, os desastres naturais são geralmente associados a terremotos, *tsunamis*, erupções vulcânicas, furacões, tornados, temporais, estiagens severas, ondas de calor, etc.

(Disponível em: <www.inpe.br>. Acesso em: 20 maio 2015.)

Em relação aos tremores de terra, a escala Richter atribui um número para quantificar sua magnitude. Por exemplo, o terremoto no Nepal, em 12 de maio de 2015, teve magnitude 7,1 graus nessa escala. Sabendo-se que a magnitude **y** de um terremoto pode ser descrita por uma função logarítmica, na qual **x** representa a energia liberada pelo terremoto, em quilowatts-hora, assinale a alternativa que indica, corretamente, o gráfico dessa função.

a)
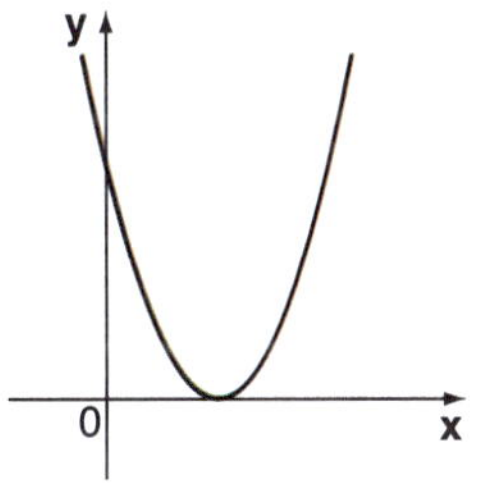

c)
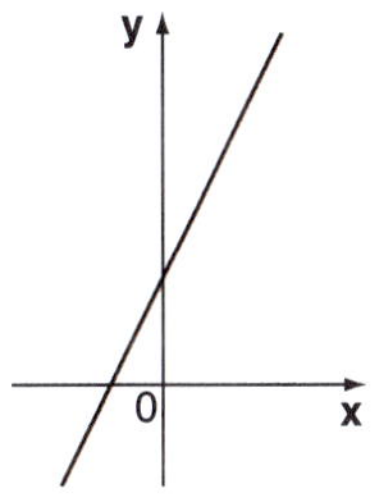

e)
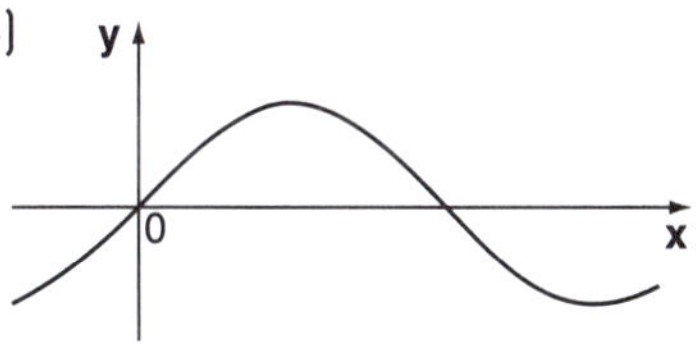

Ilustrações: Reprodução/Arquivo da editora

b)
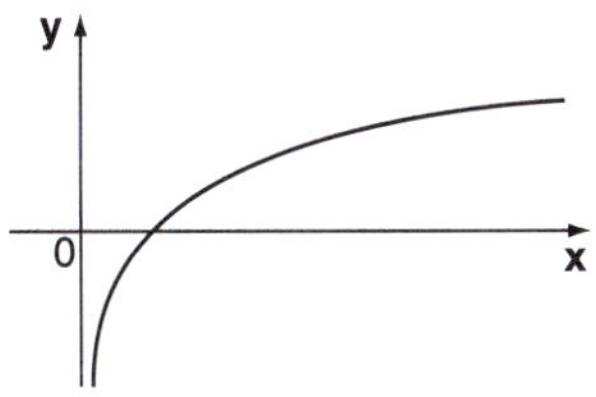

d)
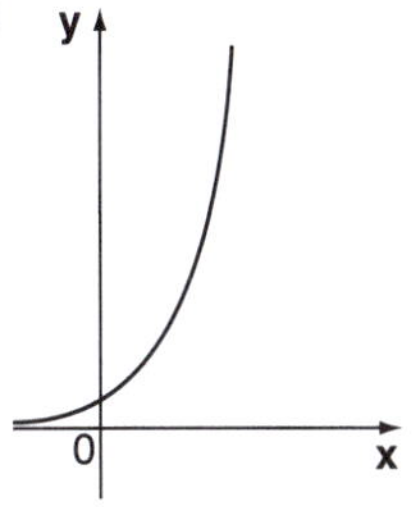

14. (UFJF-MG)

Sejam **a**, **b** e **c** números reais positivos, com $c \neq 1$. Sobre a função logarítmica, é correto afirmar:

a) Se $\log_c a = y$, então $a^y = c$

b) $\log_c(a + b) = (\log_c a) \cdot (\log_c b)$

c) $\log_c\left(\dfrac{a}{b}\right) = \dfrac{\log_c a}{\log_c b}$

d) $\log_c\left(\dfrac{1}{a}\right) = -\log_c a$

e) $\log_c(a - b) = \log_c a - \log_c b$

15. (FGV-SP)

Na figura estão representados os gráficos de uma função linear e de uma função logarítmica que se interceptam em 2 pontos.

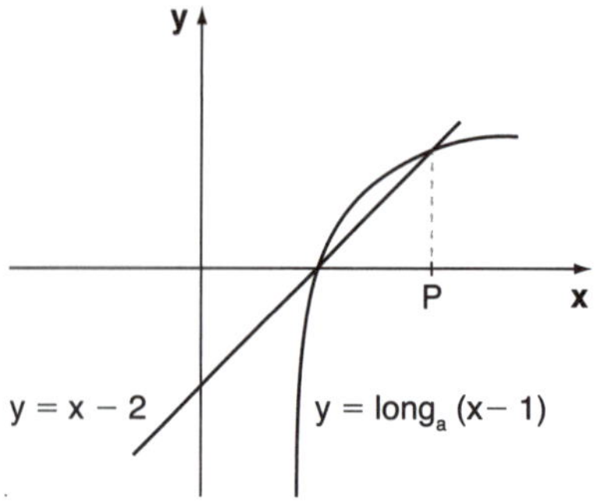

Então:

a) $a = (p - 1)$

b) $a = \log_{(p-2)}(p - 1)$

c) $a = (p - 1)^{p - 2}$

d) $a = (p - 1)^{(p-2)^{-1}}$

e) $a = (p - 1)^{2 - p}$

16. (UFSM-RS)

O gráfico mostra o comportamento da função logarítmica na base **a**. Então o valor de **a** é

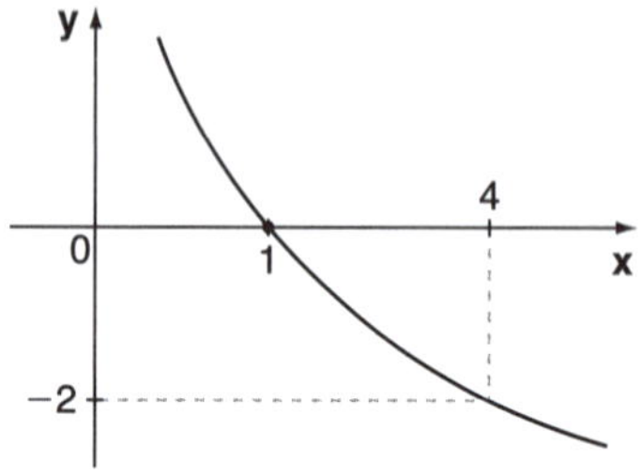

a) 10

b) 2

c) 1

d) $\frac{1}{2}$

e) −2

17. (Uerj)

O logaritmo decimal do número positivo **x** é representado por log x.

Então, a soma das raízes de $\log^2 x - \log x^3 = 0$ é igual a:

a) 1 b) 101 c) 1000 d) 1001

18. (Fatec-SP)

Na química, o pH de uma solução é uma medida de sua acidez. Ele é definido como o oposto (ou o negativo) do logaritmo decimal da concentração de íons positivos da solução. (Essa concentração é medida em moles por litro.)

Se log 2 = 0,3 e a concentração de certa solução é $2 \cdot 10^{-9}$, então o seu pH é

a) −9,3 b) 2,7 c) 8,7 d) 9,3 e) 9,7

19. (Ifsul-RS)

Uma aplicação bancária é representada graficamente conforme figura ao lado.

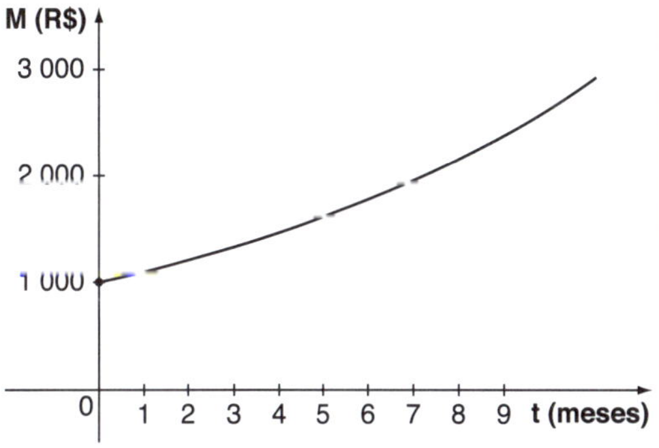

M é o montante obtido através da função exponencial $M = C \cdot (1{,}1)^t$, **C** é o capital inicial e **t** é o tempo da aplicação.

Ao final de 4 meses o montante obtido será de

a) R$ 121,00
b) R$ 146,41
c) R$ 1 210,00
d) R$ 1 464,10

20. (Unesp-SP)

Em que base o logaritmo de um número natural **n**, $n > 1$, coincide com o próprio número **n**?

a) n^n.
b) $\frac{1}{n}$.
c) n^2.
d) n.
e) $\sqrt[n]{n}$.

21. (UFPA)

Sobre a Cisplatina – $PtC\ell_2H_6N_2$ (droga comumente utilizada no combate a tumores, que atua sobre o DNA evitando a replicação das células), é importante considerar que a variação de sua quantidade na corrente sanguínea é usada na determinação da quantidade da droga a ser administrada ao paciente, tendo em conta sua alta toxicidade; a *meia-vida* da droga é definida como sendo o *tempo* que leva para que uma quantidade da droga decresça à metade da quantidade inicial; a variação da quantidade de droga na corrente sanguínea decresce exponencialmente com o tempo; uma certa injeção de Cisplatina gera imediatamente na corrente sanguínea uma concentração de 6 μg/mL a qual decresce para 2 μg/mL após 48 min.

Com base nessa informação e com o apoio da tabela de valores do logaritmo abaixo, identifica-se que a meia-vida da Cisplatina, em minutos, é de aproximadamente:

x	2	3	4	5	6	7	8	9
$\ell n(x)$	0,7	1,1	1,4	1,6	1,8	1,9	2,1	2,2

a) 25
b) 28
c) 31
d) 34
e) 37

22. (UFRN)

Na década de 30 do século passado, Charles F. Richter desenvolveu uma escala de magnitude de terremotos – conhecida hoje em dia por escala Richter –, para quantificar a energia, em Joules, liberada pelo movimento tectônico. Se a energia liberada nesse movimento é representada por **E** e a magnitude medida em grau Richter é representada por **M**, a equação que relaciona as duas grandezas é dada pela seguinte equação logarítmica:

$$\log E = 1{,}44 + 1{,}5\ M$$

Comparando o terremoto de maior magnitude ocorrido no Chile em 1960, que atingiu 9.0 na escala Richter, com o terremoto ocorrido em San Francisco, nos EUA, em 1906, que atingiu 8.0, podemos afirmar que a energia liberada no terremoto do Chile é aproximadamente

a) 10 vezes maior que a energia liberada no terremoto dos EUA.
b) 15 vezes maior que a energia liberada no terremoto dos EUA.
c) 21 vezes maior que a energia liberada no terremoto dos EUA.
d) 31 vezes maior que a energia liberada no terremoto dos EUA.

23. (UFMG)

O valor de **x** que satisfaz à equação

$2\log x + \log b - \log 3 = \log\left(\dfrac{9b}{x^4}\right)$, onde log representa o logaritmo decimal, pertence ao intervalo

a) $\left[0, \dfrac{1}{2}\right]$ b) $\left[\dfrac{1}{2}, 1\right]$ c) $[1, 2]$ d) $[2, 3]$ e) $[3, 4]$

24. (FGV-SP)

O conjunto solução da equação

$$x \cdot \left[\log_2 (7^x) + \log_2 \left(\frac{7}{3}\right)\right] + \log_2(21^x) = 0,$$

sendo $\log_2(N)$, o logaritmo do número **N** na base 2 é:

a) $\varnothing$

b) $\{0\}$

c) $\{1\}$

d) $\{0, -2\}$

25. (Insper-SP)

Escalas logarítmicas são usadas para facilitar a representação e a compreensão de grandezas que apresentam intervalos de variação excessivamente grandes. O pH, por exemplo, mede a acidez de uma solução numa escala que vai de 0 a 14; caso fosse utilizada diretamente a concentração do íon H^+ para fazer essa medida, teríamos uma escala bem pouco prática, variando de 0,00000000000000001 a 1.

Suponha que um economista, pensando nisso, tenha criado uma medida da renda dos habitantes de um país chamada Renda Comparativa (RC) definida por $RC = \log\left(\frac{R}{R_0}\right)$, em que **R** é a renda, em dólares, de um habitante desse país e R_0 é o salário mínimo, em dólares, praticado no país. (Considere que a notação log indica logaritmo na base 10.)

Dentre os gráficos abaixo, aquele que melhor representa a Renda Comparativa de um habitante desse país em função de sua renda, em dólares, é

a)

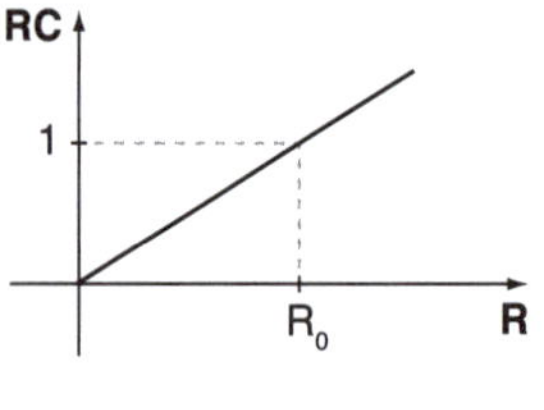

b)

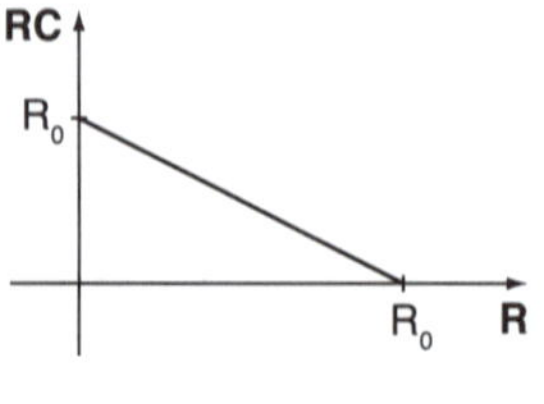

c)

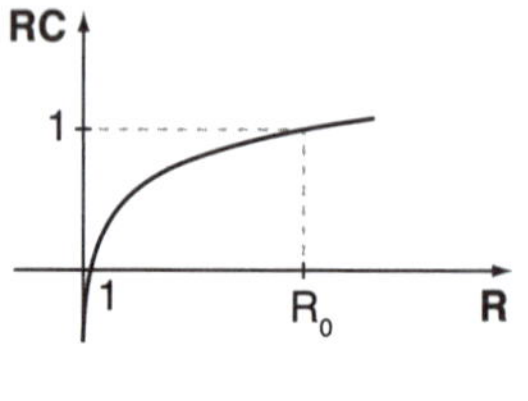

d)

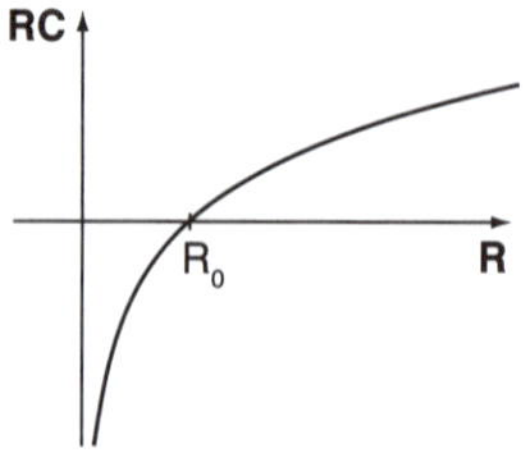

e)

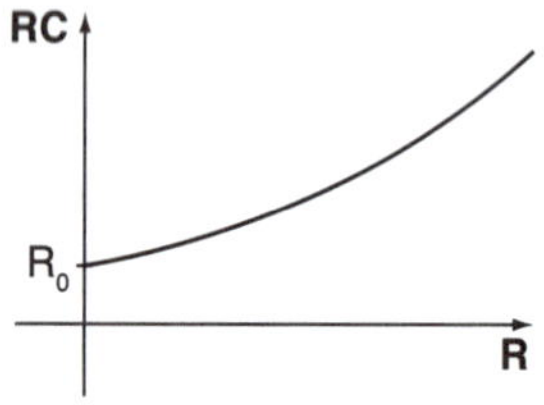

Ilustrações: Reprodução/Arquivo da editora

26. (FGV-SP)

O gráfico que representa uma função logarítmica do tipo $f(x) = 2 + a \cdot \log(b \cdot x)$, com **a** e **b** reais, passa pelos pontos de coordenadas $\left(\frac{1}{5}, 6\right)$ e $\left(\frac{1}{5}, 2\right)$. Esse gráfico cruza o eixo **x** em um ponto de abscissa

a) $\frac{\sqrt[3]{10}}{4}$.

b) $\frac{14}{25}$.

c) $\frac{\sqrt{10}}{5}$.

d) $\frac{7}{10}$.

e) $\frac{\sqrt{10}}{4}$.

27. (PUC-RS)

O estudo dos logaritmos e de suas propriedades nos leva a efetuar simplificações que facilitam nossos cálculos. Nesse sentido, a representação gráfica que melhor se adapta à da função **f** dada por $f(x) = \left(\sqrt{10}\right)^{\log x}$ é

a)
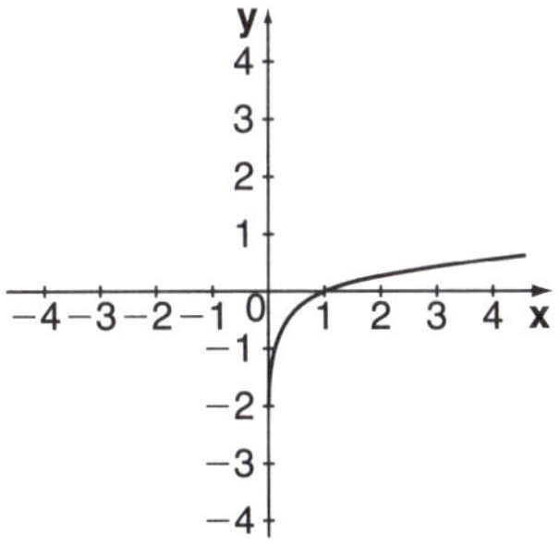

c)
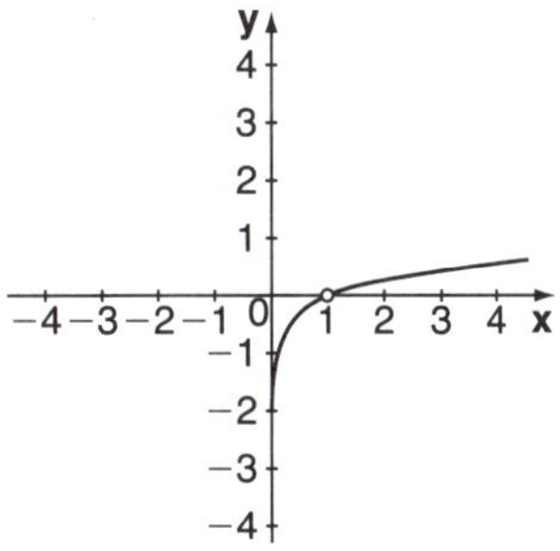

e)
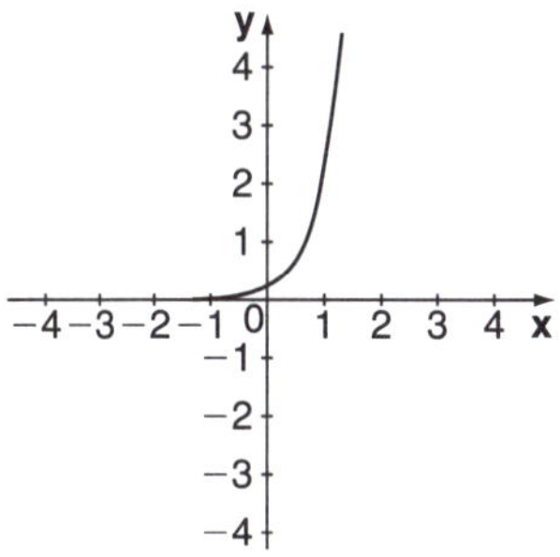

b)
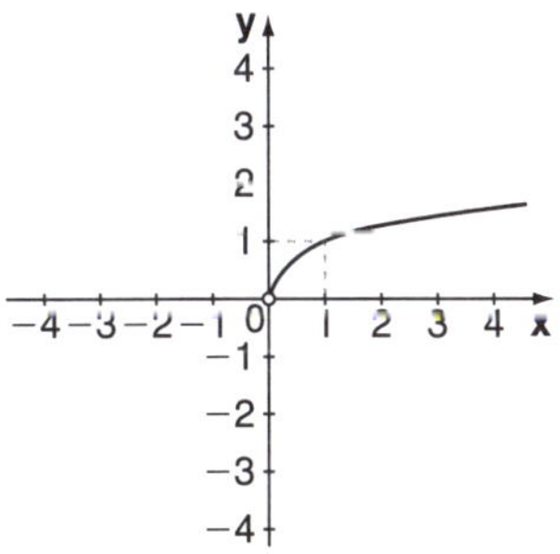

d)
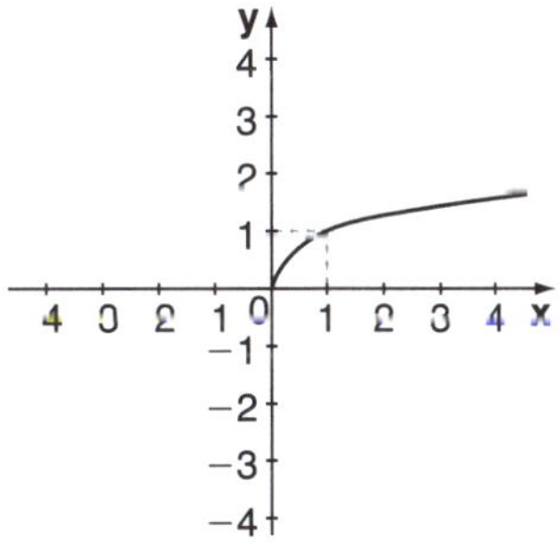

TOTAL DE ACERTOS ____ /27

TÓPICO

5 Progressões

Reveja o que aprendeu

Você deve ser capaz de:

- Identificar uma progressão aritmética ou geométrica.
- Calcular o termo geral de uma progressão.
- Calcular a soma finita, ou infinita, dos termos de uma progressão.

Sequências numéricas

Uma função cujo domínio é $\mathbb{N}^* = \{1, 2, 3, ...\}$ é chamada **sequência numérica infinita**. Se o domínio de **f** é $\{1, 2, 3, ..., n\}$, em que $n \in \mathbb{N}^*$, temos uma **sequência numérica finita**.

É usual representar uma sequência numérica por meio de seu conjunto imagem, colocando seus elementos entre parênteses.

Em geral, sendo $\mathbf{a_1}$, $\mathbf{a_2}$, $\mathbf{a_3}$, ..., $\mathbf{a_n}$ números reais, a função $f: \mathbb{N}^* \to \mathbb{R}$ tal que $f(1) = a_1$, $f(2) = a_2$, $f(3) = a_3$, ..., $f(n) = a_n$, ... é representada por: $(a_1, a_2, a_3, ..., a_n, ...)$.

Progressão aritmética (P.A.)

Progressão aritmética (P.A.) é uma sequência numérica em que cada termo, a partir do segundo, é igual à soma do termo anterior com uma constante. Essa constante é chamada **razão da P.A.** e é indicada por **r**.

Exemplos:

- (13, 17, 21, 25, 29, ...) é uma P.A. de razão 4; a P.A. é crescente.
- (43, 40, 37, 34, 31, ...) é uma P.A. de razão −3; a P.A. é decrescente.

Progressão geométrica (P.G.)

Progressão geométrica (P.G.) é uma sequência em que cada termo, a partir do segundo, é igual ao produto do termo anterior por uma constante real. Essa constante é chamada **razão da P.G.** e é indicada por **q**.

Exemplos:

- (5, 15, 45, 135, 405, ...) é P.G. de razão 3; a P.G. é crescente.
- (3, −6, 12, −24, 48, −96) é P.G. de razão −2; a P.G. é alternada (ou oscilante).
- $\left(100, 50, 25, \frac{25}{2}, \frac{25}{4}, ...\right)$ é P.G. de razão $\frac{1}{2}$; a P.G. é decrescente.

	P.A.	P.G.
Termos	$(a_1, a_2, a_3, ..., a_n, ...)$	$(a_1, a_2, a_3, ..., a_n, ...)$
Razão	$r = a_2 - a_1 = a_3 - a_2 = ...$	$q = \frac{a_2}{a_1} = \frac{a_3}{a_2} = ...$
Termo geral	$a_n = a_1 + (n - 1) \cdot r$ Exemplos: $a_7 = a_1 + 6r$ $a_{19} = a_1 + 18r$	$a_n = a_1 \cdot q^{n-1}$ Exemplos: $a_7 = a_1 \cdot q^6$ $a_{19} = a_1 \cdot q^{18}$
Propriedade principal	(a, b, c) é P.A. $\Rightarrow b = \frac{a+c}{2}$	(a, b, c) é P.G. $\Rightarrow b^2 = a \cdot c$
Notação especial para três termos	$(x - r, x, x + r)$	$\left(\frac{x}{q}, x, x \cdot q\right)$
Soma dos primeiros termos	$S_n = \frac{(a_1 + a_n) \cdot n}{2}$	$S_n = \frac{a_1 \cdot (q^n - 1)}{q - 1}$
Soma dos infinitos termos		$S = \frac{a_1}{1-q}$; se $-1 < q < 1$
Produto n dos primeiros termos		$P_n = a_1^n \cdot q^{\frac{n \cdot (n-1)}{2}}$

Aplique o que aprendeu

Exercícios resolvidos

1. Considere que a sequência (21, 29, 37, 45, ...) é uma P.A. e calcule a soma dos 30 primeiros termos.

Solução:

A sequência é uma P.A. de razão $r = 8$.

Pela fórmula do termo geral, temos:

$a_{30} = a_1 + 29 \cdot r \Rightarrow a_{30} = 21 + 29 \cdot 8 = 253$

Pela fórmula da soma dos termos tem-se:

$$S_{30} = \frac{(a_1 + a_{30}) \cdot 30}{2} \Rightarrow S_{30} = \frac{(21 + 253) \cdot 30}{2} = 4110$$

2. Em uma P.A. crescente cujo primeiro termo é igual a 2, o segundo termo, o sexto termo e o vigésimo segundo termo constituem, nessa ordem, os três primeiros termos de uma P.G. Determine o 6º termo da P.G.

Solução:

$$\text{P.A.:} \left(2, \underbrace{2+r}_{a_2}, a_3, ..., \underbrace{2+5r}_{a_6}, ..., \underbrace{2+21r}_{a_{22}}\right)$$

P.G.: $(2 + r, 2 + 5r, 2 + 21r)$; usando a propriedade principal vem:

$$(2 + 5r)^2 = (2 + r) \cdot (2 + 21r) \Rightarrow 4r^2 - 24r = 0 \overset{r>0}{\Rightarrow} r = 6$$

A P.G. é (8, 32, 128, ...)

Seu 6º termo é $a_6 = a_1 \cdot q^5 = 8 \cdot 4^5 = 8\,192$

3. Na sequência de figuras abaixo, o lado de cada quadrado mede $\frac{1}{3}$ da medida do lado do quadrado anterior.

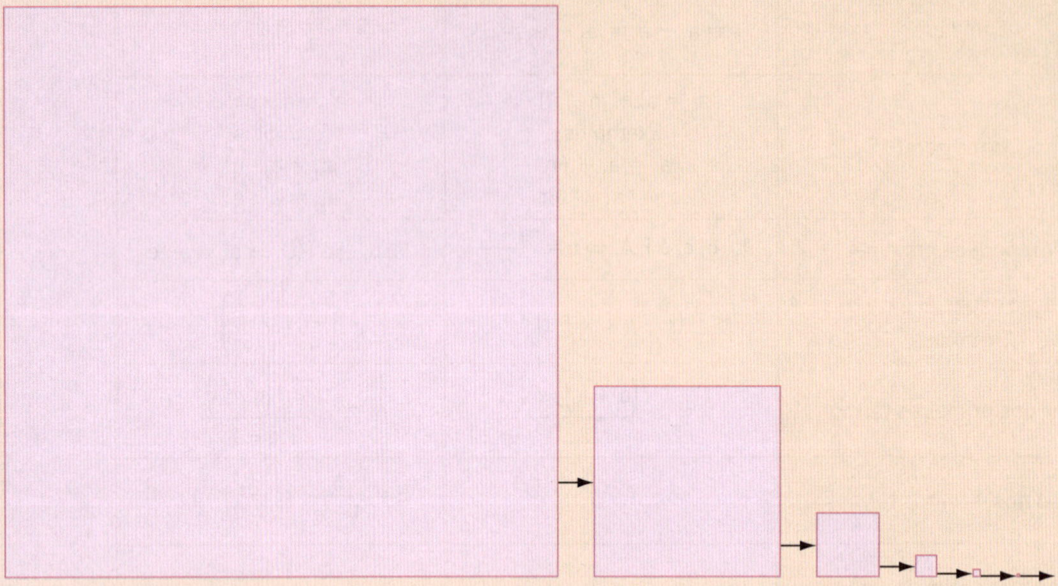

Banco de imagens/
Arquivo da editora

Se o lado do maior quadrado mede 12 cm, determine a soma dos perímetros dos infinitos quadrados dessa sequência.

Solução:

A sequência que representa as medidas em centímetros dos lados é: $\left(12, 4, \frac{4}{3}, \frac{4}{9}, ...\right)$

E a sequência que representa os perímetros em centímetros é $\left(48, 16, \frac{16}{3}, \frac{16}{9}, ...\right)$; trata-se de uma P.G. de razão $q = \frac{1}{3}$. Assim: $48 + 16 + \frac{16}{3} + \frac{16}{9} + ... = \frac{a_1}{1 - q} = \frac{48}{1 - \frac{1}{3}} = \frac{48}{\frac{2}{3}} = 72$ cm

Questões

1. (UFG-GO)

A região metropolitana de Goiânia tem apresentado um aumento significativo do número de veículos de passeio. Estima-se que um veículo movido à gasolina emita 160 g de CO_2 a cada 1 km percorrido. Considerando o número de veículos licenciados, em 2008, igual a 800 000, como sendo o primeiro termo de uma progressão aritmética com razão igual a 50 000 e que a distância média percorrida anualmente por veículo seja igual a 10 000 km, conclui-se que a quantidade de CO_2, em mols, emitida no ano de 2020, será, aproximadamente, igual a:

a) 5×10^6
b) 3×10^8
c) 5×10^{10}
d) 1×10^{12}
e) 1×10^{14}

2. (Unesp-SP)

A sequência de figuras, desenhadas em uma malha quadriculada, indica as três primeiras etapas de formação de um fractal. Cada quadradinho dessa malha tem área de 1 cm^2.

Dado que as áreas das figuras, seguindo o padrão descrito por esse fractal, formam uma progressão geométrica, a área da figura 5, em cm^2, será igual a

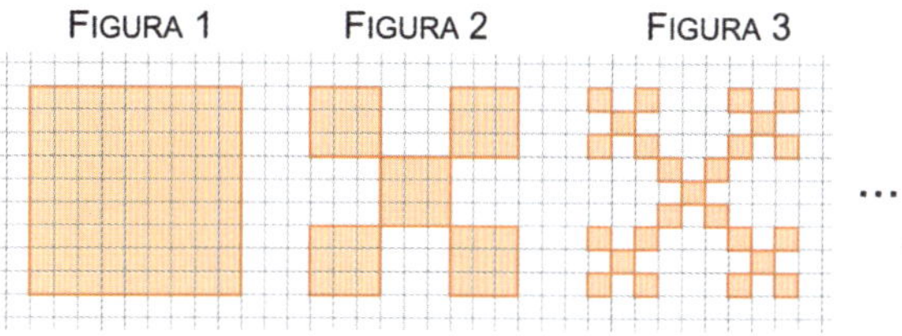

Reprodução/Unesp, 2018

a) $\frac{625}{81}$

b) $\frac{640}{81}$

c) $\frac{125}{27}$

d) $\frac{605}{81}$

e) $\frac{215}{27}$

3. (PUC-SP)

Uma pessoa montou um quebra-cabeça de 1 000 peças em 11 dias. No 1º dia foram montadas 40 peças, e o número diário de peças montadas do 2º ao 11º dia obedeceram a uma progressão aritmética. Se o número de peças montadas no 2º dia correspondeu a 60% do número de peças montadas no 7º dia, então, o número de peças montadas no 9º dia foi

a) 120

b) 118

c) 116

d) 114

4. (PUC-RJ)

Os números 10, **x**, **y**, **z**, 70 estão em progressão aritmética (nesta ordem). Quanto vale a soma x + y + z?

a) 80

b) 90

c) 100

d) 110

e) 120

5. (UEG-GO)

Na figura a seguir, as retas **r**, **s**, **t**, **u** são paralelas e seus coeficientes lineares estão em uma progressão aritmética de razão −2.

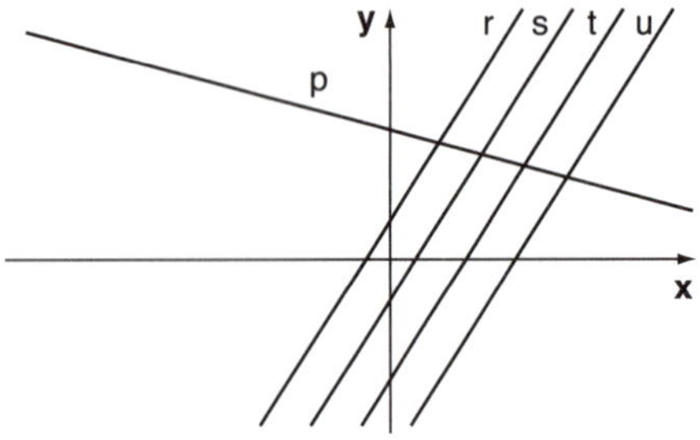

Sabendo-se que a equação da reta **p** é $y = -\frac{1}{2}x + 3$ e da reta **u** é $y = 3x - 5$, o ponto de intersecção da reta **p** com reta **s** é

a) $\left(\frac{4}{7}, \frac{19}{7}\right)$
b) $\left(\frac{8}{7}, \frac{17}{7}\right)$
c) $\left(\frac{12}{7}, \frac{15}{7}\right)$
d) $\left(\frac{16}{7}, \frac{13}{7}\right)$
e) $\left(\frac{18}{7}, \frac{11}{7}\right)$

6. (UEG-GO)

No primeiro semestre de 2015, a empresa "Aço Firme" fabricou 28 000 chapas metálicas em janeiro; em fevereiro sua produção começou a cair como uma progressão aritmética decrescente, de forma que em julho a sua produção foi de 8 800 chapas. Nessas condições, a produção da empresa nos meses de maio e junho totalizou

a) 33 600 chapas.
b) 32 400 chapas.
c) 27 200 chapas.
d) 24 400 chapas.
e) 22 600 chapas.

7. (UEG-GO)

Considere a função $f(x) = \text{sen}(x) - 2\text{sen}^2(x) + 4\text{sen}^3(x) - 8\text{sen}^4(x) + \ldots$, que é a soma infinita dos termos de uma progressão geométrica. O valor de $f\left(\frac{\pi}{6}\right)$ é

a) 0
b) 1
c) $\frac{1}{2}$
d) $\frac{1}{4}$

8. (UEG-GO)

Um ângulo de um triângulo equilátero foi dividido em 10 ângulos cujas medidas em graus formam uma sequência que está em progressão aritmética. A soma dos dois termos extremos dessa progressão é

a) 15 graus.
b) 10 graus.
c) 14 graus.
d) 12 graus.

9. (Uern)

Sabe-se que uma loja divide as prestações dos seus produtos de forma que os valores das prestações formem uma progressão aritmética com razão decrescente. Assim, para os clientes, as parcelas ficam menores e mais fáceis de pagar com o passar do tempo, diminuindo, consequentemente, o índice de inadimplência. Nessa loja, Roberto fez uma compra de um conjunto de sofás de sala, no valor de R$ 604,00, um *rack* para TV, no valor de R$ 498,00, uma TV LED 55", no valor de R$ 3698,00, e parcelou o total dessa compra em 24 prestações, de acordo com a política de crédito da loja. A primeira prestação equivale, sempre, a $\frac{1}{12}$ do total da compra e a terceira prestação a R$ 388,00.

Conclui-se que o valor da última prestação é

a) R$ 188,00.
b) R$ 240,00.
c) R$ 248,00.
d) R$ 262,00.

10. (UPE)

O quadrado mágico abaixo foi construído de maneira que os números em cada linha formam uma progressão aritmética de razão **x**, e, em cada coluna, uma progressão aritmética de razão **y**, como indicado pelas setas.

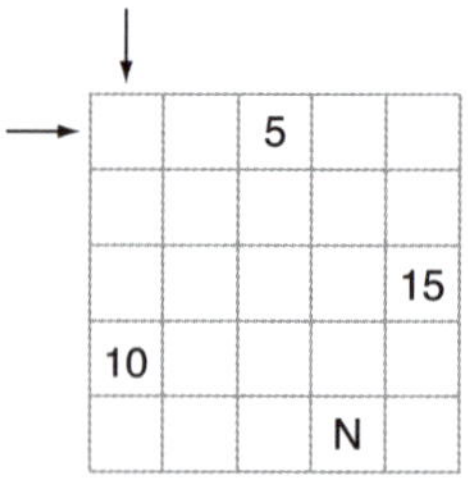

Sendo **x** e **y** positivos, qual o valor de N?

a) 14
b) 19
c) 20
d) 23
e) 25

11. (Uesc-BA)

Não sendo paga quantia alguma relativa a um empréstimo feito por uma pessoa, serão a ele incorporados juros compostos de 2,5% a.m.

Assim, o montante desse empréstimo, considerado mês a mês, crescerá segundo uma progressão

a) aritmética de razão 0,25.
b) geométrica de razão 1,025.
c) aritmética de razão 1,205.
d) geométrica de razão 10,25.
e) aritmética de razão 12,05.

12. (UFRN)

A sequência de figuras a seguir representa os cinco primeiros passos da construção do conjunto de Sierpinski. Os vértices dos triângulos brancos construídos são os pontos médios dos lados dos triângulos escuros da figura anterior. Denominamos a_1, a_2, a_3, a_4 e a_5, respectivamente, as áreas das regiões escuras da primeira, segunda, terceira, quarta e quinta figuras da sequência.

Podemos afirmar que a_1, a_2, a_3, a_4 e a_5 estão, nessa ordem, em progressão geométrica de razão

a) $\frac{3}{4}$

b) $\frac{1}{2}$

c) $\frac{1}{3}$

d) $\frac{1}{4}$

13. (UFRN)

As áreas dos quadrados a seguir estão em progressão geométrica de razão 2.

Podemos afirmar que os lados dos quadrados estão em

a) progressão aritmética de razão 2.

b) progressão geométrica de razão 2.

c) progressão aritmética de razão $\sqrt{2}$.

d) progressão geométrica de razão $\sqrt{2}$.

14. (UFRN)

Um fazendeiro dividiu 30 km² de suas terras entre seus 4 filhos, de idades distintas, de modo que as áreas dos terrenos recebidos pelos filhos estavam em progressão geométrica, de acordo com a idade, tendo recebido mais quem era mais velho. Ao filho mais novo coube um terreno com 2 km² de área.

O filho que tem idade imediatamente superior à do mais novo recebeu um terreno de área igual a:

a) 10 km² b) 8 km² c) 4 km² d) 6 km²

15. (FMP-RS)

Para n ⩾ 1, a expressão $a_n = 3n + 5$ é o termo geral de uma progressão aritmética.

Para n ⩾ 1, considere a sequência cujo termo geral é dado por $b_n = 2^{a_n}$.

A sequência de termo geral b_n é uma progressão geométrica cuja razão é

a) 256 b) 16 c) 3 d) 6 e) 8

16. (UFSM-RS)

Em 2011, o Ministério da Saúde firmou um acordo com a Associação das Indústrias de Alimentação (Abio) visando a uma redução de sódio nos alimentos industrializados. A meta é acumular uma redução de 28 000 toneladas de sódio nos próximos anos.

Suponha que a redução anual de sódio nos alimentos industrializados, a partir de 2012, seja dada pela sequência:

(1 400, 2 000, 2 600, 54 600)

Assim, assinale verdadeira (V) ou falsa (F) em cada uma das afirmações a seguir.

( ) A sequência é uma progressão geométrica de razão 600.

( ) A meta será atingida em 2019.

( ) A redução de sódio nos alimentos industrializados acumulada até 2015 será de 3 200 toneladas.

A sequência correta é

a) F – V – V. b) V – F – V. c) V – V – F. d) F – V – F. e) F – F – V.

17. (ESPM-SP)

A sequência $(x, y, x \cdot y)$ é uma progressão geométrica estritamente crescente. Se acrescentarmos uma unidade ao termo central, ela se torna uma progressão aritmética. A soma das razões dessas duas sequências é:

a) 4 b) 7 c) 5 d) 8 e) 3

18. (Uece)

Os números reais positivos **x**, **y** e **z** são tais que log x, log y, log z formam, nesta ordem, uma progressão aritmética. Nestas condições, podemos concluir acertadamente que entre os números **x**, **y** e **z** existe a relação

a) $2y = x + z$. b) $y = x + z$. c) $z^2 = xy$. d) $y^2 = xz$.

19. (Imed-SP)

O treinamento sobre prevenção e combate a incêndio para os funcionários de uma determinada empresa foi realizado em um auditório com capacidade para 300 pessoas sentadas. O auditório possui 12 poltronas na primeira fileira, 16 poltronas na segunda fileira, 20 na terceira e assim sucessivamente, segundo uma progressão aritmética. Considerando a capacidade máxima de poltronas, é correto afirmar que o número total de fileiras é igual a:

a) 10 b) 12 c) 15 d) 18 e) 20

20. (PUC-MG)

Depois de percorrer um comprimento de arco de 7 m, uma criança deixa de empurrar o balanço em que está brincando e aguarda até o balanço parar completamente. Se o atrito diminui a velocidade do balanço de modo que o comprimento de arco percorrido seja sempre igual a 80% ao do anterior, a distância total percorrida pela criança, até que o balanço pare completamente, é dada pela expressão $D = 7 + + 0{,}80 \times 7 + 0{,}80 \times (0{,}80 \times 7) + \ldots$

Considerando-se que o segundo membro dessa igualdade é a soma dos termos de uma progressão geométrica, é CORRETO estimar que o valor de **D**, em metros, é igual a:

a) 28 b) 35 c) 42 d) 49

21. (FGV-SP)

Três números estão em progressão geométrica de razão $\frac{3}{2}$.

Diminuindo 5 unidades do terceiro número da progressão, ela se transforma em uma progressão aritmética.

Sendo **k** o primeiro dos três números inicialmente em progressão geométrica, então, log k é igual à soma de 1 com

a) log 2 b) log 3 c) log 4 d) log 5 e) log 6

22. (UFRGS-RS)

Para fazer a aposta mínima na Megassena uma pessoa deve escolher 6 números diferentes em um cartão de apostas que contém os números de 1 a 60. Uma pessoa escolheu os números de sua aposta, formando uma progressão geométrica de razão inteira.

Com esse critério, é correto afirmar que

a) essa pessoa apostou no número 1.
b) a razão da P.G. é maior do que 3.
c) essa pessoa apostou no número 60.
d) a razão da P.G. é 3.
e) essa pessoa apostou somente em números ímpares.

23. (MACK-SP)

Se os números 3, **A** e **B**, nessa ordem, estão em progressão aritmética e os números 3, A − 6 e **B**, nessa ordem, estão em progressão geométrica, então o valor de **A** é

a) 12 b) 15 c) 18 d) 21 e) 24

24. (Imed-SP)

Em uma determinada Universidade, o cronograma de matrícula aos estudantes calouros é organizado de acordo com a classificação no curso da graduação. No primeiro dia, são matriculados oito estudantes calouros, no segundo dia, 11, no terceiro, 14, e assim sucessivamente, formando uma progressão aritmética. Nessa situação, ao final do sétimo dia, o número total de novos estudantes matriculados até o momento é igual a:

a) 119 b) 164 c) 225 d) 239 e) 343

25. (PUC-PR)

Um consumidor, ao adquirir um automóvel, assumiu um empréstimo no valor total de R$ 42 000,00 (já somados juros e encargos). Esse valor foi pago em 20 parcelas, formando uma progressão aritmética decrescente. Dado que na segunda prestação foi pago o valor de R$ 3 800,00 a razão desta progressão aritmética é.

a) −300. b) −200. c) −150. d) −100. e) −350.

26. (EEAR-SP)

A progressão aritmética, cuja fórmula do termo geral é dada por $a_n = 5n - 18$, tem razão igual a

a) −5
b) −8
c) 5
d) 8

27. (Uerj)

Um cliente, ao chegar a uma agência bancária, retirou a última senha de atendimento do dia, com o número 49. Verificou que havia 12 pessoas à sua frente na fila, cujas senhas representavam uma progressão aritmética de números naturais consecutivos, começando em 37.

Algum tempo depois, mais de 4 pessoas desistiram do atendimento e saíram do banco. Com isso, os números das senhas daquelas que permaneceram na fila passaram a formar uma nova progressão aritmética. Se os clientes com as senhas de números 37 e 49 não saíram do banco, o número máximo de pessoas que pode ter permanecido na fila é:

a) 6
b) 7
c) 9
d) 12

28. (Ibmec-RJ)

Uma sequência de 5 (cinco) números inteiros é tal que:

- os extremos são iguais a 4;
- os três primeiros termos estão em progressão geométrica e os três últimos em progressão aritmética;
- a soma desses cinco números é igual a 26.

É correto afirmar que a soma dos números em progressão geométrica é igual a:

a) −8.
b) −2.
c) 8.
d) 12.
e) 16.

29. (UFRRJ)

Numa sala de aula, cada um dos 100 alunos recebe um número que faz parte de uma sequência que está em progressão aritmética. Sabendo-se que a soma de todos os números é 15 050 e que a diferença entre o 46º e o 1º é 135, determine o 100º número.

30. (PUC-MG)

O tempo destinado à propaganda eleitoral gratuita é dividido entre três coligações partidárias em partes diretamente proporcionais aos termos da progressão aritmética: t, t + 6, t^2. Nessas condições, de cada hora de propaganda eleitoral gratuita, a coligação partidária à qual couber a maior parte do tempo **t**, medido em minutos, ficará com:

a) 26 min
b) 28 min
c) 30 min
d) 32 min

31. (UFU-MG)

Sabe-se que a soma dos dez primeiros termos de uma progressão aritmética é igual a 500. A soma do terceiro e do oitavo termos dessa progressão é igual a

a) 50.
b) 100.
c) 25.
d) 125.

TOTAL DE ACERTOS ____/31

TÓPICO 6

Matemática comercial e financeira

Reveja o que aprendeu

Você deve ser capaz de:

- Calcular a porcentagem de um valor.
- Calcular aumentos e descontos.
- Calcular juros simples e juros compostos.
- Resolver situação-problema que envolve financiamento de diferentes maneiras.

Cálculo de porcentagem de um valor

Seja $p \in \mathbb{R}^+$; então, $p\% = \frac{p}{100}$

Exemplo:
Vamos calcular 32% de R$ 800,00.
Podemos fazer de diferentes maneiras:

1ª) $\frac{32}{100} \cdot 800 = 256$ ou $0,32 \cdot 800 = 256$

2ª) 10% de 800 = 80;

30% de 800 = 240
1% de 800 = 8
2% de 800 = 16

} 32% de 800 = 256

3ª) Regra de três:

$$\begin{cases} \text{R\$ } 800 - 100\% \\ \quad x \quad - 32\% \end{cases} \Rightarrow x = \text{R\$ } 256{,}00$$

Aumentos e descontos

Seja **p** o preço de uma mercadoria.

- Após um aumento de i%, para sabermos o novo preço da mercadoria, multiplicamos **p** por: $1 + \frac{i}{100}$.

  Se o aumento é de 18%, multiplicamos **p** por $1 + \frac{18}{100} = 1 + 0,18 = 1,18$.

- Após um desconto de i%, para sabermos o novo preço da mercadoria, multiplicamos **p** por: $1 - \frac{i}{100}$.

  Se o desconto é de 18%, multiplicamos **p** por $1 - \frac{18}{100} = 1 - 0,18 = 0,82$.

Variação percentual

A seguinte relação expressa a variação percentual:

$$p = \frac{V_1 - V_0}{V_0} = \frac{V_1}{V_0} - 1$$

em que:

- $\mathbf{V_0}$ é o valor inicial de um produto;
- $\mathbf{V_1}$ é o valor desse produto em uma data futura;
- **p** é a variação percentual do preço desse produto no período considerado, expressa na forma decimal;
- se $p > 0$, dizemos que **p** representa a **taxa percentual de crescimento** (ou acréscimo);
- se $p < 0$, dizemos que **p** representa a **taxa percentual de decrescimento** (ou decréscimo).

Exemplo:

Quando o preço de um produto aumenta de R$ 42,00 para R$ 50,00, a variação (aumento) percentual é:

$$p = \frac{50}{42} - 1 \simeq 1{,}1905 - 1 \simeq 0{,}1905 \simeq 19{,}05\%$$

Veja, a seguir, alguns termos de uso frequente em Matemática financeira.

U.M. – Unidade monetária: real, dólar, euro ou qualquer outra moeda.

C – Capital. O valor inicial de um empréstimo, dívida ou investimento.

i – Taxa de juros. A letra **i** vem do inglês *interest* ("juros"), e a taxa é expressa na forma percentual por período. Por exemplo, 5% ao mês (a.m.); 0,2% ao dia (a.d.); 10% ao ano (a.a.), etc.

J – Juros. Os juros correspondem ao valor obtido quando aplicamos a taxa sobre o capital ou sobre algum outro valor da transação. Os juros são expressos em U.M.

M – Montante. Corresponde ao capital acrescido dos juros auferidos na transação, isto é, $M = C + J$.

Em Matemática financeira, costuma-se adotar, para o período de um mês, o chamado **mês comercial** com 30 dias.

Juros simples

Nesse regime, a taxa de juros incide sempre o mesmo valor (isto é, sobre o capital), gerando, desse modo, o mesmo juro por período.

$$J = C \cdot i \cdot n$$
$$M = C \cdot (1 + i \cdot n)$$

Juros compostos

Consideremos um capital **C**, aplicado a juros compostos, a uma taxa de juros **i** (expressa na forma decimal) fixa por período, durante **n** períodos. O período considerado deve ser compatível com a unidade de tempo da taxa.

Nesse regime, a cada período, a taxa de juros incide sobre o montante do período anterior, gerando um novo montante.

Ao final do n-ésimo período, o n-ésimo montante é igual a:

$$M_n = C \cdot (1 + i)^n$$

Financiamentos

Nesse caso, é preciso determinar, para cada parcela, o respectivo valor atual (ou presente).

Aplique o que aprendeu

Exercícios resolvidos

1. Um capital de R\$ 1250,00, aplicado no regime de juros simples, durante 7 meses, gerou um montante de R\$ 1425,00. Calcule a taxa mensal de juros.

Solução:

$C = 1\,250$; $M = 1\,425$; $n = 7$.

Como $M = C \cdot (1 + i \cdot n)$, temos:

$1\,425 = 1\,250 \cdot (1 + i \cdot 7) \Rightarrow 1{,}14 = 1 + 7i \Rightarrow 0{,}14 = 7i \Rightarrow i = 0{,}02$

Logo, a taxa mensal de juros é de 2% ao mês.

2. Um capital de R\$ 2000,00 é aplicado a juros compostos, à taxa de 1% ao mês.

a) Qual o montante após meio ano?

b) Qual o tempo mínimo necessário para que o montante seja R\$ 3000,00?
Use $\log 2 = 0{,}3$; $\log 3 = 0{,}48$ e $\log 101 = 2{,}004$

Solução:

a) $M = 2000 \cdot (1 + 0{,}01)^6 = 2000 \cdot 1{,}01^6 = 2\,123{,}04$
O montante em 6 meses será R\$ 2123,04.

b) $3000 = 2000 \cdot (1,01)^n \Rightarrow 1{,}5 = 1{,}01^n \Rightarrow \log 1{,}5 = \log 1{,}01^n \Rightarrow \log\left(\frac{3}{2}\right) = n \cdot \log\left(\frac{101}{100}\right) \Rightarrow (\log 3 - \log 2) =$
$= n \cdot (\log 101 - \log 100) \Rightarrow 0{,}48 - 0{,}3 = n \cdot (2{,}004 - 2)$
$n = 45$ meses

3. Um produto é vendido por R\$ 90,00 à vista ou duas parcelas iguais de R\$ 50,00, sendo a primeira no ato da compra e a segunda, um mês depois. Qual é a taxa de juros desse financiamento?

Solução:

O capital financiado é: $90 - 50 = 40$ reais; com os juros, esse valor gera um montante de 50 reais.

Assim, são cobrados juros de $50 - 40 = 10$ reais; percentualmente, temos $\frac{10}{40} = 0{,}25 = 25\%$ ao mês.

4. Um produto é vendido em três prestações mensais de R\$ 1500,00 (ato da compra, 30 dias e 60 dias). Se a taxa de juros cobrada é de 10% ao mês, qual seria o preço à vista desse produto?

Solução:

Observe o fluxo de pagamentos:

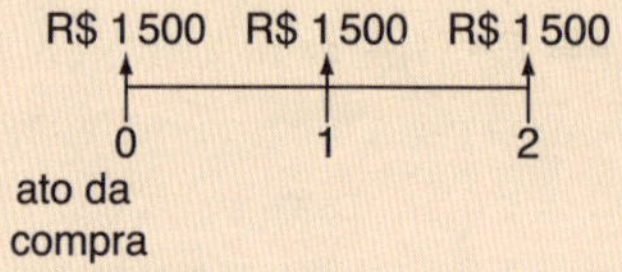

O valor atual do pagamento na data 1 é: $\frac{1500}{1{,}1} \simeq 1363{,}64$

O valor atual do pagamento na data 2 é: $\frac{1500}{1{,}1^2} \simeq 1239{,}67$

Assim, o valor do produto à vista é:

$1\,500 + 1\,363{,}64 + 1\,239{,}67 = 4\,103{,}31$ reais

Se o pagamento das prestações ocorresse em 30, 60 e 90 dias (não há entrada), o valor do produto, à vista, seria:

$\frac{1500}{1{,}1} + \frac{1500}{1{,}1^2} + \frac{1500}{1{,}1^3} = 3\,730{,}28$ (3 730,28 reais).

Questões

1. (CFTMG)

O gerente de um banco apresentou a um cliente, interessado em investir determinada quantia de dinheiro, quatro opções, conforme descritas no quadro ao lado. A opção que proporcionará um maior rendimento ao cliente, considerando-se os prazos e taxas fixados pelo banco, será a

Opção de investimento	Regime de Capitalização	Prazo (meses)	Taxa (a.m.)
1	composto	2	2,0%
2	composto	3	1,5%
3	simples	4	2,0%
4	simples	5	1,5%

a) 1.
b) 2.
c) 3.
d) 4.

2. (Uerj)

Um capital de **C** reais foi investido a juros compostos de 10% ao mês e gerou, em três meses, um montante de R$ 53 240,00.

Calcule o valor, em reais, do capital inicial **C**.

3. (FGV-SP)

Certo capital foi aplicado em regime de juros compostos. Nos quatro primeiros meses, a taxa foi de 1% ao mês e, nos quatro meses seguintes, a taxa foi de 2% ao mês. Sabendo-se que, após os oito meses de aplicação, o montante resgatado foi de R$ 65 536,00, então o capital aplicado, em reais, foi aproximadamente igual a

Dado: $65\,536 = 2^{16}$

a) $3{,}66^8$.
b) $3{,}72^8$.
c) $3{,}78^8$.
d) $3{,}88^8$.
e) $3{,}96^8$.

4. (USF-SP)

Um senhor depositou R$ 1 200,00 na aplicação financeira **A** e R$ 1 300,00 na aplicação financeira **B**, em regime de juros simples. As aplicações estão no mesmo banco, com a mesma taxa de juros e durante o mesmo período de tempo.

Sabendo que ao final do período de capitalização as duas aplicações, juntas, renderam R$ 800,00 calcule quanto rendeu cada uma delas.

5. (Unisc-RS)

A função *f* que representa o valor a ser pago após um desconto de 21% sobre o valor **x** de um produto é

a) $f(x) = x - 21$
b) $f(x) = 0{,}79x$
c) $f(x) = 1{,}21x$
d) $f(x) = -21x$
e) $f(x) = 1{,}021x$

6. (IFSC)

Analise as seguintes situações:

1. Seu João fez um empréstimo de R$ 1 000,00 no Banco A, a uma taxa de juros simples; após 4 meses, pagou um montante de R$ 1 320,00 e quitou sua dívida.
2. Dona Maria fez um empréstimo de R$ 1 200,00, no Banco B, a uma taxa de juros simples; após 5 meses, pagou um montante de R$ 1 800,00 e quitou a dívida.

Assinale a alternativa CORRETA.

A taxa mensal de juros simples cobrada pelo Banco A e pelo Banco B, respectivamente, é:

a) 8% a.m. e 10% a.m.
b) 18% a.m. e 13% a.m.
c) 6,4% a.m. e 12,5% a.m.
d) 13% a.m. e 18% a.m.
e) 10% a.m. e 8% a.m.

7. (Ifal)

Em 2000, certo país da América Latina pediu um empréstimo de 1 milhão de dólares ao FMI (Fundo Monetário Internacional) para pagar em 100 anos. Porém, por problemas políticos e de corrupção, nada foi pago até hoje e a dívida foi sendo "rolada" com a taxação de juros compostos de 8,5% ao ano. Determine o valor da dívida no corrente ano de 2015, em dólar. Considere $(1{,}085)^5 \simeq 1{,}5$.

a) 1,2 milhão.
b) 2,2 milhões.
c) 3,375 milhões.
d) 1,47 milhão.
e) 2 milhões.

8. (UEPG-RS)

Uma pessoa aplicou, no prazo de dois anos, os capitais C_1 e C_2 a juros simples, o primeiro a 18% a.a. e o segundo a 24% a.a. Sabendo que o rendimento das duas aplicações totalizou R$ 487,20 e que o capital C_1 é 40% menor que C_2, assinale o que for correto.

01) Se $f(x) = x - 770$ então $f(C_2) > 0$.
02) Os dois capitais juntos totalizam R$ 1120,00.
04) C_2 corresponde a mais que R$ 750,00.
08) A diferença entre os capitais é maior que R$ 300,00.
16) C_1 corresponde a R$ 420,00.

9. (CFTRJ)

Marcelo comprou um móvel de R$ 1000,00 de forma parcelada, com juros de 5% ao mês. Sabendo que Marcelo pagou R$ 400,00 no ato da compra e o restante um mês depois, qual foi o valor dessa segunda parcela, 30 dias após a compra?

10. (ESPM-SP)

Em todos os dias 10 dos meses de janeiro, fevereiro e março de um certo ano, o Sr. João aplicou a mesma quantia de R$ 1 000,00 à taxa de juros compostos de 10% ao mês. Podemos concluir que o montante dessa aplicação no dia 10 de abril desse mesmo ano foi de:

a) R$ 4 203,00
b) R$ 3 641,00
c) R$ 4 015,00
d) R$ 3 135,00
e) R$ 3 968,00

11. (UFU-MG)

Um financiamento de R$ 10 000 foi contratado a uma taxa de juros (compostos) de 3% ao mês. Ele será liquidado em duas parcelas iguais, a primeira vencendo em 60 dias e a segunda em 90 dias após a efetivação do contrato. O valor de cada parcela desse financiamento é, aproximadamente, igual a

Dados:

$(1 + 0{,}03)^1 = 1{,}03$	$(1 + 0{,}03)^2 = 1{,}0609$	$(1 + 0{,}03)^3 = 1{,}0927$
$\dfrac{1}{(1+0{,}03)^1} = 0{,}9709$	$\dfrac{1}{(1+0{,}03)^2} = 0{,}9426$	$\dfrac{1}{(1+0{,}03)^3} = 0{,}9151$

a) R$ 5 226,00.
b) R$ 5 383,00.
c) R$ 5 387,00.
d) R$ 5 282,00.

12. (CFTMG)

Um homem solicitou a um Banco um empréstimo de R$ 600,00 para ser pago em dois meses, do seguinte modo: ao final do primeiro mês, usando a taxa de 5% a.m., calculou o saldo devedor e pagou uma parcela de R$ 330,00. O valor restante foi pago ao final do mês seguinte a uma taxa de 2% a.m. O valor total de juros pagos representa, em relação ao empréstimo inicial, um percentual de

a) 6%
b) 7%
c) 8%
d) 9%

13. (UEL-PR)

Considere que um contribuinte deve pagar determinado imposto no valor de R$ 5 000,00 em 5 parcelas de mesmo valor.

Sabendo que sobre o valor de cada parcela incide 1% de juros mais uma taxa fixa **T** de 0,82%, assinale a alternativa que apresenta, corretamente, o valor de cada parcela a ser paga pelo contribuinte.

a) R$ 1 008,20

b) R$ 1 100,00

c) R$ 1 018,20

d) R$ 1 050,00

e) R$ 1 090,00

14. (UFSM-RS)

A chegada da televisão no Brasil facilitou o acesso à informação. Com o avanço da tecnologia, os aparelhos estão cada dia mais modernos e consequentemente mais caros.

Um consumidor deseja adquirir uma televisão com tecnologia de última geração. Enquanto aguarda o preço da televisão baixar, ele aplica o capital disponível de R$ 3 000,00 a juros simples de 0,8% ao mês em uma instituição financeira, por um período de 18 meses.

O montante, ao final desse período, é igual a

a) R$ 7 320,00.

b) R$ 5 400,00.

c) R$ 4 320,00.

d) R$ 3 432,00.

e) R$ 3 240,00.

15. (IFSC)

Um futuro aluno de um dos cursos de engenharia do IFSC comprou um telefone celular *smartphone* sob as seguintes condições de pagamento:

- O pagamento será efetuado em 6 parcelas;

- A primeira parcela é de R$ 100,00;

- A partir da segunda parcela, o valor de cada parcela terá juros de $10 \cdot \left(\log_{10}\sqrt{10}\right)\%$ em relação à parcela paga no mês anterior.

Com base na situação exposta no enunciado, assinale a soma da(s) proposição(ões) CORRETA(S).

01) A taxa de juros é de 5% ao mês.

02) O valor da quinta parcela é de R$ 120,00.

04) O gráfico que representa o valor de cada parcela (em reais) em função do tempo (com medida em meses após a compra) é referente à função exponencial $f(x) = 100 \cdot \left[1 + 0{,}1 \cdot \left(\log_{10}\sqrt{10}\right)\right]^x$.

08) Considerando-se que $(1{,}1)^6 = 1{,}77$, pode-se garantir que todas as parcelas custam menos que R$ 177,00.

16) O gráfico que representa o valor de cada parcela (em reais) em função do tempo (com medida em meses após a compra) é referente à função $f(x) = \left(\log_{10}\sqrt{10}\right) \cdot 10 \cdot x + 100$.

16. (CFTMG)

Uma cliente fez um empréstimo, a juros simples, de R$ 600,00 em um banco, a uma taxa de 4% ao mês, por dois meses. Quando ela foi pagar, o gerente do banco informou-lhe que poderia sortear uma taxa **i** para ter um desconto sobre o valor de sua dívida. Fez-se o sorteio e foi-lhe concedido o desconto, resultando no pagamento de R$ 602,64. Dessa forma, o valor da taxa **i** sorteada foi de

a) 5%

b) 6%

c) 7%

d) 8%

17. (Unicamp-SP)

Uma compra no valor de 1000 reais será paga com uma entrada de 600 reais e uma mensalidade de 420 reais. A taxa de juros aplicada na mensalidade é igual a

a) 2%.
b) 5%.
c) 8%.
d) 10%.

18. (Uepa)

Um agricultor financiou junto a uma cooperativa os insumos utilizados na lavoura em 2014. Pagou 20% do valor dos insumos no ato da compra, utilizando parte do lucro obtido no ano anterior, e financiou o restante em 10 meses a uma taxa de 2% ao mês a juros simples. Observou que havia gastado o montante de R$ 208 800,00 com a parte financiada. Neste caso, o valor financiado dos insumos pelo agricultor foi de:

a) R$ 217 500,00
b) R$ 174 000,00
c) R$ 164 000,00
d) R$ 144 500,00
e) R$ 136 000,00

19. (CFTMG)

O pagamento de uma televisão foi feito, sem entrada, em 5 parcelas mensais iguais, corrigidas a juros simples pela taxa de 0,7% ao mês. Dessa forma, no final do período, o valor total pago, em percentual, será maior do que o inicial em

a) 2,1.
b) 3,5.
c) 4,2.
d) 7,3.

20. (UPE)

Antônio foi ao banco conversar com seu gerente sobre investimentos. Ele tem um capital inicial de R$ 2 500,00 e deseja saber depois de quanto tempo de investimento esse capital, aplicado a juros compostos, dobrando todo ano, passa a ser maior que R$ 40 000,00. Qual a resposta dada por seu gerente?

a) 1,5 anos
b) 2 anos
c) 3 anos
d) 4 anos
e) 5 anos

21. (FGV-SP)

Uma mercadoria é vendida com entrada de R$ 500,00 mais 2 parcelas fixas mensais de R$ 576,00. Sabendo-se que as parcelas embutem uma taxa de juros compostos de 20% ao mês, o preço à vista dessa mercadoria, em reais, é igual a

a) 1 380,00.
b) 1 390,00.
c) 1 420,00.
d) 1 440,00.
e) 1 460,00.

22. (UFSM-RS)

No Brasil, falar em reciclagem implica citar os catadores de materiais e suas cooperativas. Visando a agilizar o trabalho de separação dos materiais, uma cooperativa decide investir na compra de equipamentos. Para obter o capital necessário para a compra, são depositados, no primeiro dia de cada mês, R$ 600,00 em uma aplicação financeira que rende juros compostos de 0,6% ao mês. A expressão que representa o saldo, nessa aplicação, ao final de **n** meses, é

a) $100\,600\left[(1{,}006)^n - 1\right]$.
b) $100\,000\left[(1{,}06)^n - 1\right]$.
c) $10\,060\left[(1{,}006)^n - 1\right]$.
d) $100\,600\left[(1{,}06)^n - 1\right]$.
e) $100\,000\left[(1{,}006)^n - 1\right]$.

23. (UFRN)

Maria pretende comprar um computador cujo preço é R$ 900,00. O vendedor da loja ofereceu dois planos de pagamento: parcelar o valor em quatro parcelas iguais de R$ 225,00, sem entrada, ou pagar à vista, com 5% de desconto. Sabendo que o preço do computador será o mesmo no decorrer dos próximos quatro meses, e que dispõe de R$ 855,00, ela analisou as seguintes possibilidades de compra:

Opção 1	Comprar à vista, com desconto.
Opção 2	Colocar o dinheiro em uma aplicação que rende 1% de juros compostos ao mês e comprar, no final dos quatro meses, por R$ 900,00.
Opção 3	Colocar o dinheiro em uma aplicação que rende 1% de juros compostos ao mês e comprar a prazo, retirando, todo mês, o valor da prestação.
Opção 4	Colocar o dinheiro em uma aplicação que rende 2,0% de juros compostos ao mês e comprar, três meses depois, pelos R$ 900,00.

Entre as opções analisadas por Maria, a que oferece maior vantagem financeira no momento é a

a) opção 2.
b) opção 1.
c) opção 4.
d) opção 3.

24. (CFTMG)

Uma concessionária anunciou um veículo no valor de R$ 30 000,00 à vista. Após negociação, um cliente adquiriu o veículo pagando R$ 20 000,00 de entrada e R$ 11 200,00 após 30 dias. A taxa mensal de juros cobrada nessa venda foi de

a) 4%.
b) 6,6%.
c) 11,2%.
d) 12%.

25. (Cefet-MG)

Uma pessoa investiu R$ 20 000,00 durante 3 meses em uma aplicação que lhe rendeu 2% no primeiro mês e 5% no segundo mês. No final do terceiro mês, o montante obtido foi suficiente para pagar uma dívida de R$ 22 000,00. Assim sendo, a taxa mínima de juros, no terceiro mês, para esse pagamento, em %, foi, aproximadamente, de

a) 1
b) 2
c) 3
d) 4
e) 5

26. (UFSM-RS)

Uma empresa de cartão de crédito opera com juros compostos de 6% ao mês. Um usuário dessa empresa contraiu uma dívida de R$ 2 000,00 e, durante 6 meses, não pôde efetuar o pagamento. Ao procurar a empresa para renegociar a dívida, a empresa propôs que seja quitada em uma única parcela, com juros simples de 5% ao mês, referente aos 6 meses de atraso.

Aceita a proposta, o total de juros pagos e o desconto obtido, em reais, são, respectivamente, iguais a

Dado: $(1,06)^6 = 1,4185$

a) 600,00 e 117,00.
b) 600,00 e 120,00.
c) 600,00 e 237,00
d) 720,00 e 117,00.
e) 720,00 e 120,00.

27. (UFPE)

Um capital é aplicado a uma taxa anual de juros compostos e rende um montante de R$15 200,00 em 3 anos, e um montante de R$17 490,00 em 4 anos. Indique o valor inteiro mais próximo da taxa percentual e anual de juros.

28. (FGV-SP)

Um capital A de R$ 10 000,00 é aplicado a juros compostos, à taxa de 20% ao ano; simultaneamente, um outro capital B, de R$ 5 000,00, também é aplicado a juros compostos, à taxa de 68% ao ano.

Utilize a tabela abaixo para resolver.

x	1	2	3	4	5	6	7	8	9
log x	0	0,30	0,48	0,60	0,70	0,78	0,85	0,90	0,96

Depois de quanto tempo os montantes se igualam?

a) 22 meses.
b) 22,5 meses.
c) 23 meses.
d) 23,5 meses.
e) 24 meses.

29. (Enem)

O Conselho Monetário Nacional (CMN) determinou novas regras sobre o pagamento mínimo da fatura do cartão de crédito, a partir do mês de agosto de 2011. A partir de então, o pagamento mensal não poderá ser inferior a 15% do valor total da fatura. Em dezembro daquele ano, outra alteração foi efetuada: daí em diante, o valor mínimo a ser pago seria de 20% da fatura.

Disponível em: http://g1.globo.com. Acesso em: 29 fev. 2012.

Um determinado consumidor possuía no dia do vencimento, 01/03/2012, uma dívida de R$1 000,00 na fatura de seu cartão de crédito. Se não houver pagamento do valor total da fatura, são cobrados juros de 10% sobre o saldo devedor para a próxima fatura. Para quitar sua dívida, optou por pagar sempre o mínimo da fatura a cada mês e não efetuar mais nenhuma compra.

A dívida desse consumidor em 01/05/2012 será de

a) R$ 600,00.
b) R$ 640,00.
c) R$ 722,50.
d) R$ 774,40.
e) R$ 874,22.

TOTAL DE ACERTOS ____ /29

TÓPICO

7

Semelhança, triângulos retângulos e trigonometria

Reveja o que aprendeu

Você deve ser capaz de:

- Identificar situações em que se pode aplicar o teorema de Tales.
- Reconhecer os critérios de semelhança de triângulos.
- Utilizar o teorema de Pitágoras na resolução de situação-problema.
- Reconhecer as razões trigonométricas no triângulo retângulo.

Teorema de Tales

Ao observar, na figura, um feixe de retas paralelas com duas transversais $\mathbf{t}_1$ e $\mathbf{t}_2$, podemos dizer que:

- são correspondentes os pontos: **A** e **A'**, **B** e **B'**, **C** e **C'**, **D** e **D'**;
- são correspondentes os segmentos $\overline{AB}$ e $\overline{A'B'}$, $\overline{CD}$ e $\overline{C'D'}$, $\overline{AC}$ e $\overline{A'C'}$, etc.

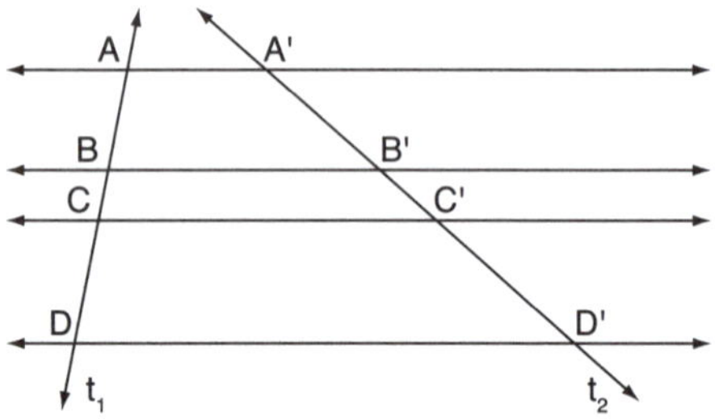

Banco de imagens/Arquivo da editora

Se duas retas são transversais a um feixe de retas paralelas, então a razão entre as medidas de dois segmentos quaisquer de uma delas é igual à razão entre as medidas dos segmentos correspondentes da outra.

Considerando a figura anterior, tem-se: $\frac{AB}{CD} = \frac{A'B'}{C'D'}$.

Teorema fundamental da semelhança

Toda reta paralela a um lado de um triângulo, que intersecta os outros dois lados em pontos distintos, determina um novo triângulo semelhante ao primeiro.

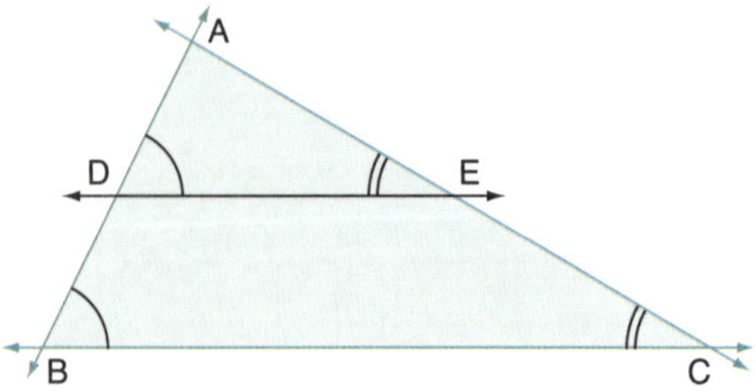

Banco de imagens/Arquivo da editora

$\overleftrightarrow{DE} // \overleftrightarrow{BC} \Rightarrow \triangle ADE \sim \triangle ABC$

Critérios de semelhança

AA (ângulo – ângulo)

Se dois triângulos possuem dois ângulos respectivamente congruentes, então os triângulos são semelhantes.

LAL (lado – ângulo – lado)

Se dois triângulos têm dois lados correspondentes proporcionais e os ângulos compreendidos são congruentes, então os triângulos são semelhantes.

LLL (lado – lado – lado)

Se dois triângulos têm os lados correspondentes proporcionais, então os triângulos são semelhantes.

Consequências da semelhança de triângulos

Primeira consequência

Utilizando os critérios de semelhança, podemos provar que, se a razão de semelhança entre dois triângulos é **k**, então:

- a razão entre duas alturas homólogas é **k**;
- a razão entre duas medianas homólogas é **k**;
- a razão entre duas bissetrizes homólogas é **k**;
- a razão entre as áreas é k^2.

Segunda consequência

Se um segmento une os pontos médios de dois lados de um triângulo, então ele é **paralelo ao terceiro lado** e é **metade do terceiro lado**.

Relações métricas no triângulo retângulo

Sejam:

- **a**: medida da hipotenusa.
- **b** e **c**:medidas dos catetos.
- **h**: medida da altura relativa à hipotenusa.
- **n** e **m**: medidas das projeções catetos $\overline{AB}$ e $\overline{AC}$, respectivamente, sobre a hipotenusa.

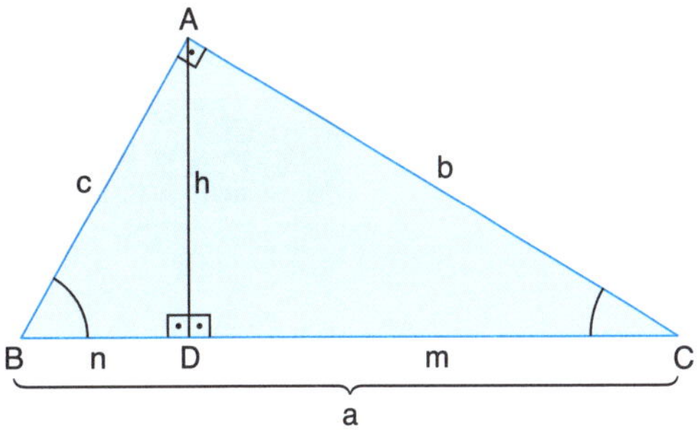

Banco de imagens/Arquivo da editora

Temos:

- $b^2 = a \cdot m$ (1)
- $c^2 = a \cdot n$ (2)
- $h^2 = m \cdot n$ (3)
- $b \cdot c = a \cdot h$ (4)
- $a^2 = b^2 + c^2$ (teorema de Pitágoras) (5)

Aplicações notáveis do teorema de Pitágoras

Diagonal do quadrado

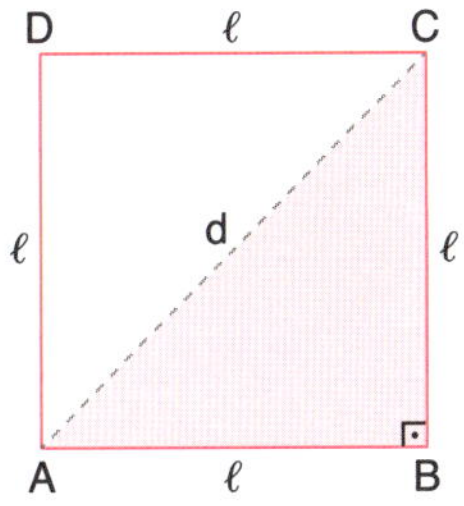

Banco de imagens/Arquivo da editora

$$d = \ell \cdot \sqrt{2}$$

Altura do triângulo equilátero

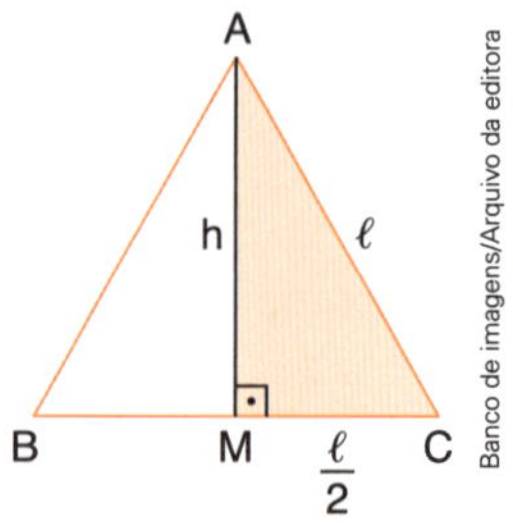

$$h = \frac{\ell \cdot \sqrt{3}}{2}$$

Trigonometria no triângulo retângulo

Razões trigonométricas

- $\text{sen}\,\theta = \dfrac{\text{medida do cateto oposto a }\theta}{\text{medida da hipotenusa}} = \dfrac{x}{z}$
- $\cos\theta = \dfrac{\text{medida do cateto adjacente a }\theta}{\text{medida da hipotenusa}} = \dfrac{y}{z}$
- $\text{tg}\,\theta = \dfrac{\text{medida do cateto oposto a }\theta}{\text{medida do cateto adjacente a }\theta} = \dfrac{x}{y}$

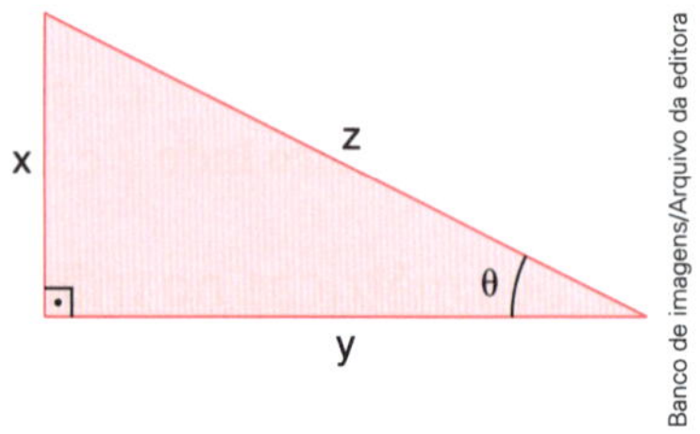

Razões trigonométricas dos ângulos notáveis

Razão \ Ângulo	30°	45°	60°
sen	$\frac{1}{2}$	$\frac{\sqrt{2}}{2}$	$\frac{\sqrt{3}}{2}$
cos	$\frac{\sqrt{3}}{2}$	$\frac{\sqrt{2}}{2}$	$\frac{1}{2}$
tg	$\frac{\sqrt{3}}{3}$	1	$\sqrt{3}$

Relações entre razões trigonométricas

- Se α e β são ângulos complementares, isto é, $\alpha + \beta = 90°$, temos:

$$\text{sen}\,\alpha = \cos\beta$$
$$\cos\alpha = \text{sen}\,\beta$$
$$\text{tg}\,\alpha = \frac{1}{\text{tg}\,\beta}$$

- Para um ângulo agudo α temos:

$$\text{sen}^2\alpha + \cos^2\alpha = 1$$
$$\text{tg}\,\alpha = \frac{\text{sen}\,\alpha}{\cos\alpha}$$

Aplique o que aprendeu

Exercícios resolvidos

1. Na figura ao lado, $\overleftrightarrow{DE} // \overleftrightarrow{AB}$. Determine a medida de $\overline{EB}$.

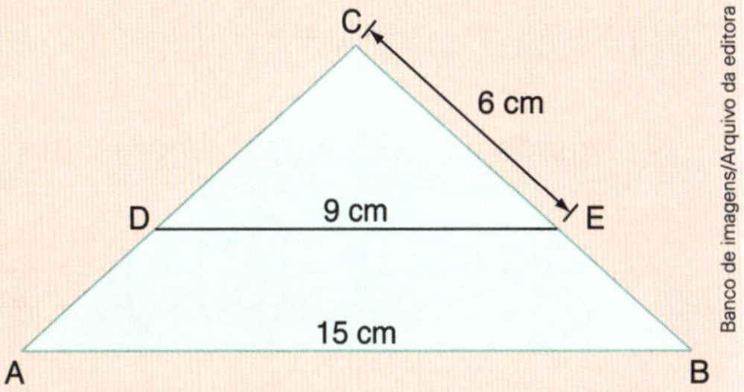

Solução:

Sendo EB = x.

Como $\overleftrightarrow{DE} // \overleftrightarrow{AB}$, temos $\triangle CDE \sim \triangle CAB$.

Daí:

$$\frac{DE}{AB} = \frac{CE}{CB} \Rightarrow \frac{9}{15} = \frac{6}{6+x} \Rightarrow x = 4\text{ cm}$$

2. Na figura ao lado, as áreas dos triângulos CED e CAB são, respectivamente, 50 cm² e 8 cm². Sabendo que CE = 20 cm, determine a medida de $\overline{CA}$.

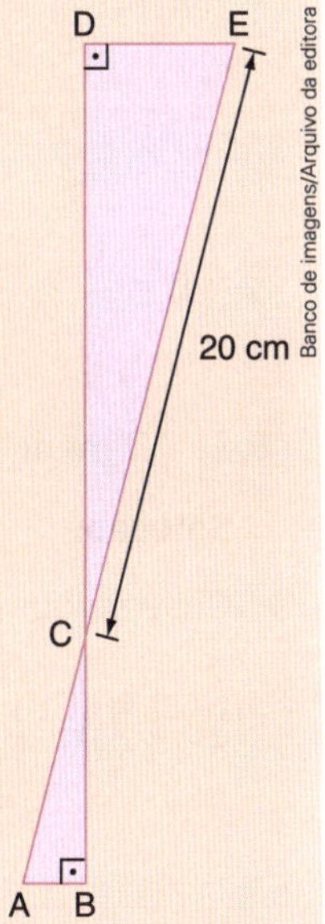

Solução:

Como $A\hat{C}B \equiv E\hat{C}D$ (o.p.v), o triângulo CED e CAB são semelhantes pelo caso AA (ambos possuem também um ângulo reto).

A razão de semelhança entre suas áreas é:

$$k^2 = \frac{50}{8} = \frac{25}{4}$$

Logo, a razão de semelhança entre seus lados (**k**) é:

$$k = \sqrt{\frac{25}{4}} = \frac{5}{2}$$

Daí: $\frac{CE}{CA} = \frac{5}{2} \Rightarrow \frac{20}{CA} = \frac{5}{2} \Rightarrow CA = 8\text{ cm}.$

3. Calcule **x**, **y** e **z** no triângulo ao lado.

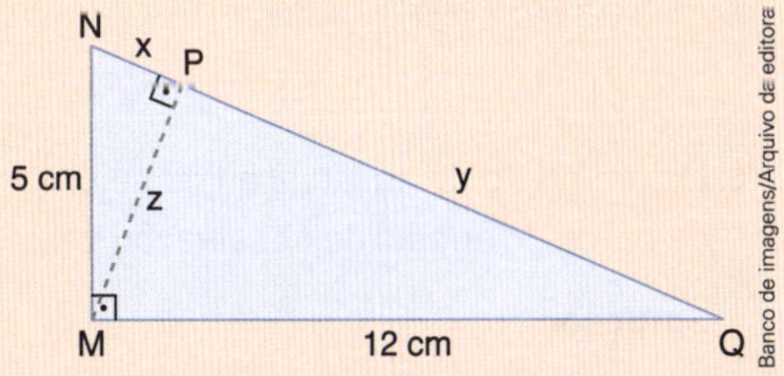

Solução:

Aplicando o teorema de Pitágoras no $\triangle MNQ$, temos.

- $(NQ)^2 = (MN)^2 + (MQ)^2 \Rightarrow (NQ)^2 = 5^2 + 12^2 \Rightarrow$
  $\Rightarrow NQ = \sqrt{169} = 13\text{ cm};\ x + y = 13$ (*)
- Aplicando a relação (1) vem:

$$5^2 = 13 \cdot x \Rightarrow x = \frac{25}{13}\text{ cm} \overset{*}{\Rightarrow} y = 13 - \frac{25}{13} = \frac{144}{13}$$

- Aplicando a relação (4):

$$5 \cdot 12 = 13 \cdot z \Rightarrow 60 = 13z \Rightarrow z = \frac{60}{13}\text{ cm}$$

4. Na figura ao lado, $\text{tg}\,\hat{A} = \frac{4}{3}$ e $AB = 4{,}5$ cm. Determine os valores de $\text{sen}\,\hat{B}$, $\cos\hat{B}$ e $\text{tg}\,\hat{B}$.

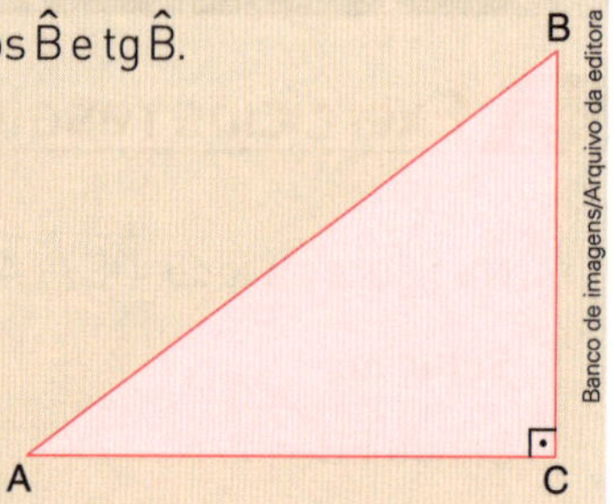

Solução:

$$\text{tg}\,\hat{A} = \frac{a}{b} = \frac{4}{3} \Rightarrow a = \frac{4b}{3}$$

Aplicando o teorema de Pitágoras, temos:

$$4{,}5^2 = a^2 + b^2 \Rightarrow 4{,}5^2 = \left(\frac{4b}{3}\right)^2 + b^2 \Rightarrow \frac{81}{4} = \frac{25b^2}{9} \Rightarrow b = 2{,}7 \text{ cm} \Rightarrow$$

$$\Rightarrow a = \frac{4}{3} \cdot 2{,}7 \text{ cm} = 3{,}6 \text{ cm}$$

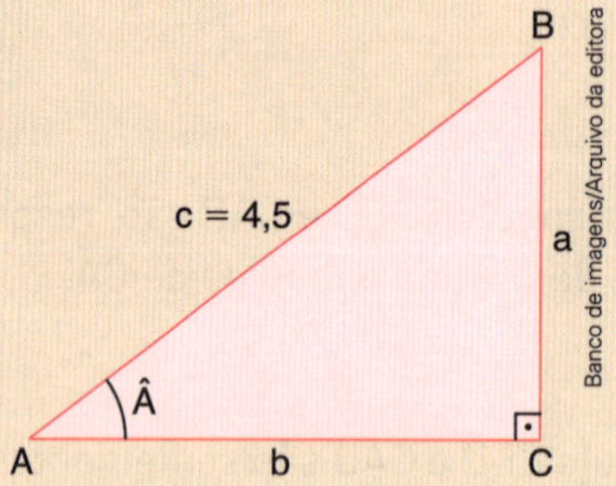

Daí:

$$\text{sen}\,\hat{B} = \frac{b}{c} = \frac{2{,}7 \text{ cm}}{4{,}5 \text{ cm}} = 0{,}6$$

$$\cos\hat{B} = \frac{a}{c} = \frac{3{,}6 \text{ cm}}{4{,}5 \text{ cm}} = 0{,}8$$

$$\text{tg}\,\hat{B} = \frac{b}{a} = \frac{2{,}7 \text{ cm}}{3{,}6 \text{ cm}} = 0{,}75$$

5. Se $\overline{AD}$ mede 16 cm, determine as medidas de $\overline{BC}$ e $\overline{AB}$.

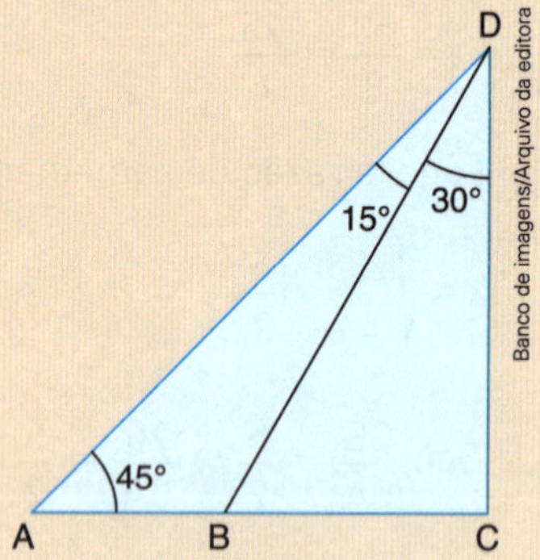

Solução:

Observe que o $\triangle ACD$ é retângulo e isósceles, logo $CD = AC = x$.

$$(AD)^2 = (CD)^2 + (AC)^2 \Rightarrow 16^2 = x^2 + x^2 \Rightarrow$$

$$\Rightarrow 2x^2 = 256 \Rightarrow x = \sqrt{128} = 8\sqrt{2} \text{ cm}$$

$\triangle BCD$:

$$\text{tg}\,30° = \frac{BC}{CD} \Rightarrow \frac{\sqrt{3}}{3} = \frac{BC}{8\sqrt{2}} \Rightarrow 3 \cdot BC = 8\sqrt{6} \Rightarrow$$

$$\Rightarrow BC = \frac{8\sqrt{6}}{3} \Rightarrow AB = AC - BC = 8\sqrt{2} - \frac{8\sqrt{6}}{3} =$$

$$= \frac{8\sqrt{2}}{3}\left(3 - \sqrt{3}\right) \text{ cm}$$

6. De um ponto de observação no solo, vê-se o topo de um edifício sob um ângulo de 30°. Aproximando-se 80 m do prédio, o ângulo de observação passa a ser 60°. Qual é a altura do edifício?

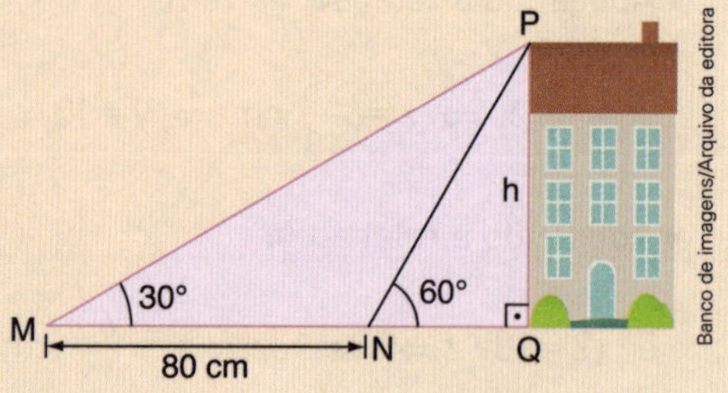

Solução:

$\triangle MNP$ é isósceles pois $\text{med}(P\hat{N}M) = 120° \Rightarrow \text{med}(M\hat{P}N) = 30°$

Logo, $PN = MN = 80$.

$$\triangle PNQ: \text{sen}\,60° = \frac{PQ}{PN} \Rightarrow \frac{\sqrt{3}}{2} = \frac{H}{80} \Rightarrow$$

$$\Rightarrow H = 40\sqrt{3} \text{ m} \simeq 69{,}28$$

Questões

1. (IFPE)

Os alunos pré-egressos do campus Jaboatão dos Guararapes resolveram ir até a Lagoa Azul para celebrar a conclusão dos cursos. Raissa, uma das participantes do evento, ficou curiosa pra descobrir a altura do paredão rochoso que envolve a lagoa. Então pegou em sua mochila um transferidor e estimou o ângulo no ponto **A**, na margem onde estava, e, após nadar, aproximadamente, 70 metros em linha reta em direção ao paredão, estimou o ângulo no ponto **B**, conforme mostra a figura a seguir:

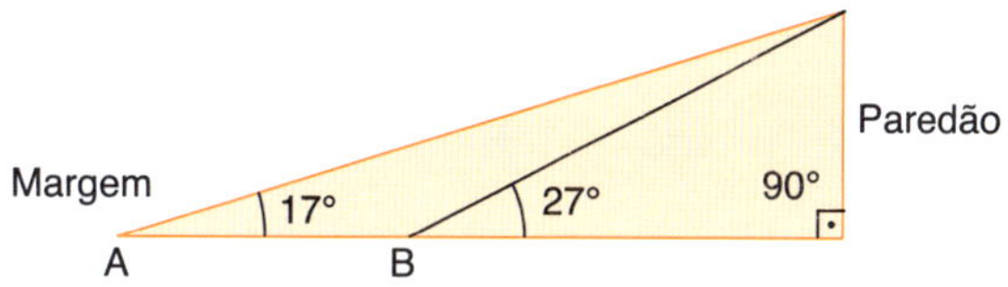

De acordo com os dados coletados por Raissa, qual a altura do paredão rochoso da Lagoa Azul?

Dados: sen 17° = 0,29, tan 17° = 0,30, cos 27° = 0,89 e tan 27° = 0,51

a) 50 metros.
b) 51 metros.
c) 89 metros.
d) 70 metros.
e) 29 metros.

2. (Ifal)

Um atleta de 1,70 metro de altura percebe que, ao fazer flexões no momento em que estica os braços, seu corpo, em linha reta, forma um ângulo de 30° com o piso. Nessas condições, a que altura do piso se encontra a extremidade da sua cabeça? (Considere que os braços formam com o piso um ângulo reto).

a) 85 cm.
b) $85\sqrt{3}$ cm.
c) $\frac{170\sqrt{3}}{3}$ cm.
d) $85\sqrt{2}$ cm.
e) 340 cm.

3. (Cefet-MG)

O Hindu Bhaskara, ao demonstrar o Teorema de Pitágoras, utilizou uma figura em que ABCD e EFGH são quadrados, conforme mostrado ao lado.

Se este quadrado ABCD tem lado de medida $\sqrt{3}$ cm e o ângulo $A\hat{C}H$ mede 60°, então a área de EFGH, em cm², é

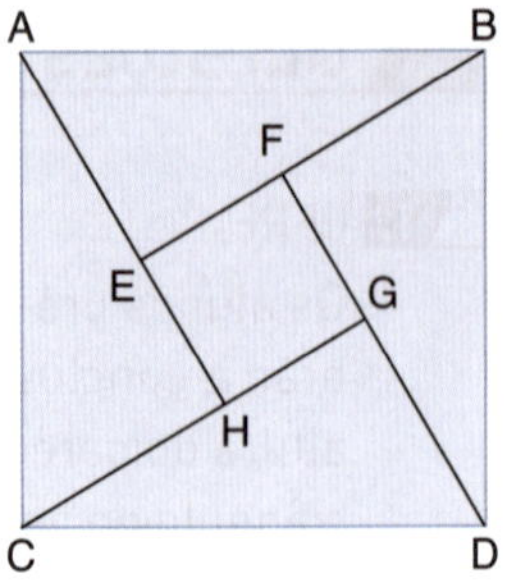

Reprodução/Arquivo da editora

a) $\frac{3\sqrt{3}}{2}$.   b) $3 - \frac{\sqrt{3}}{2}$.   c) $3 - \sqrt{3}$.   d) $3\left(1 - \frac{\sqrt{3}}{2}\right)$.

4. (Ifal)

Considere um triângulo retângulo, cujos ângulos agudos α e β satisfazem à condição $\cos\alpha = 0,8$ e $\cos\beta = 0,6$. Determine a área desse triângulo, em cm² sabendo que o comprimento da hipotenusa é 5 cm.

a) 4,5   b) 6   c) 7,5   d) 8   e) 10

5. (Ifal)

Ao soltar pipa, um garoto libera 90 m de linha, supondo que a linha fique esticada e forme um ângulo de 30° com a horizontal. A que altura a pipa se encontra do solo?

a) 45 m.   b) $45\sqrt{3}$ m.   c) $30\sqrt{3}$ m.   d) $45\sqrt{2}$ m.   e) 30 m.

6. (Ifsul-RS)

A figura ao lado representa a área de um jardim com o formato de um triângulo retângulo isósceles. Nele deverá ser colocada uma tela para cercar totalmente o terreno.

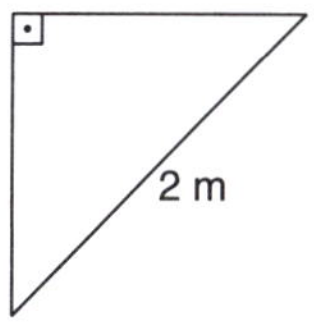

Considerando os dados apresentados, quantos metros de tela, no mínimo, serão necessários?

a) $4\sqrt{2} + 2$ b) $2\sqrt{2} + 2$ c) $4\sqrt{2}$ d) $2\sqrt{2}$

7. (Unisc-RS)

Seja sen(x) + cos(x) = a e cos(x) sen(x) = b. Podemos então afirmar que

a) $a + b = 1$ b) $a^2 + b = 1$ c) $a + b^2 = 1$ d) $a^2 - 2b = 1$ e) $a^2 + 2b = 1$

8. (UFJF-MG)

Considere um triângulo ABC retângulo em **C** e α o ângulo $B\hat{A}C$. Sendo $\overline{AC} = 1$ e $\text{sen}(\alpha) = \frac{1}{3}$, quanto vale a medida da hipotenusa desse triângulo?

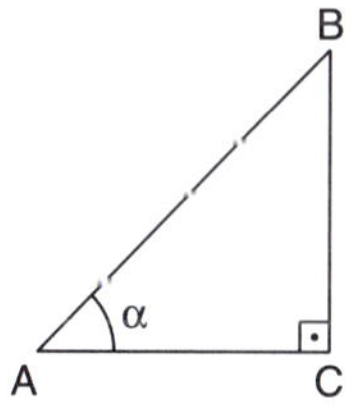

a) 3 b) $\frac{2\sqrt{2}}{3}$ c) $\sqrt{10}$ d) $\frac{3\sqrt{2}}{4}$ e) $\frac{3}{2}$

9. (FGV-RJ)

A figura ao lado mostra a trajetória de Renato com seu barco. Renato saiu do ponto **A** e percorreu 10 km em linha reta, até o ponto **B**, numa trajetória que faz 50° com a direção norte. No ponto **B**, virou para o leste e percorreu mais 10 km em linha reta, chegando ao ponto **C**.

Calcule a distância do ponto **A** ao ponto **C**.

Dados: sen 20° = 0,342, cos 20 °C = 0,940.

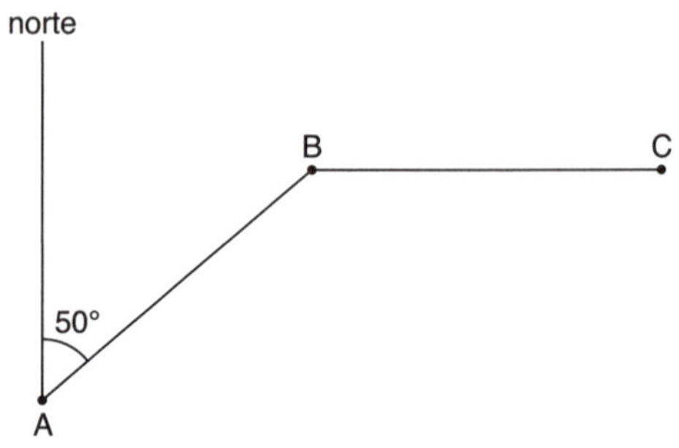

Reprodução/Arquivo da editora

10. (Uece)

As diagonais de um retângulo dividem cada um de seus ângulos internos em dois ângulos cujas medidas são respectivamente 30° e 60°. Se **x** é a medida do maior lado e **y** é a medida do menor lado do retângulo, então a relação entre **x** e **y** é

a) $x^2 - 4y^2 = 0$. b) $x^2 - 2y^2 = 0$. c) $x^2 - 6y^2 = 0$. d) $x^2 - 3y^2 = 0$.

11. (UEMG)

Na figura, ao lado, um fazendeiro (**F**) dista 600 m da base da montanha (ponto **B**). A medida do ângulo $A\hat{F}B$ é igual a 30°.

Ao calcular a altura da montanha, em metros, o fazendeiro encontrou a medida correspondente a

a) $200\sqrt{3}$. b) $100\sqrt{2}$. c) $150\sqrt{3}$. d) $250\sqrt{2}$.

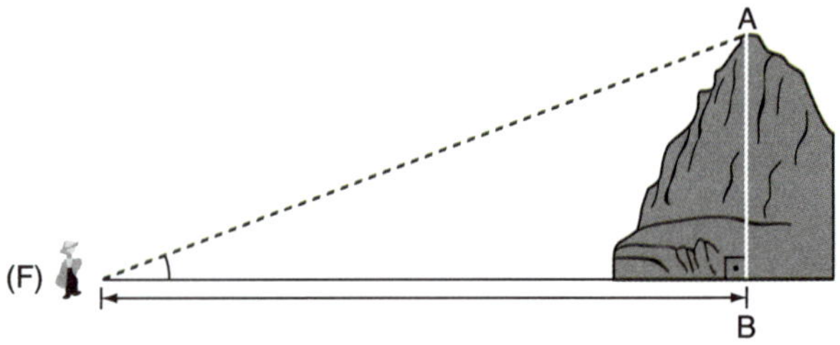

Reprodução/Arquivo da editora

12. (Cefet-MG)

Uma formiga sai do ponto **A** e segue por uma trilha, representada pela linha contínua, até chegar ao ponto **B**, como mostra a figura.

A distância, em metros, percorrida pela formiga é

a) $1 + 2\sqrt{3}$.

b) $3 + 3\sqrt{3}$.

c) $5 + 2\sqrt{3}$.

d) $7 + 3\sqrt{3}$.

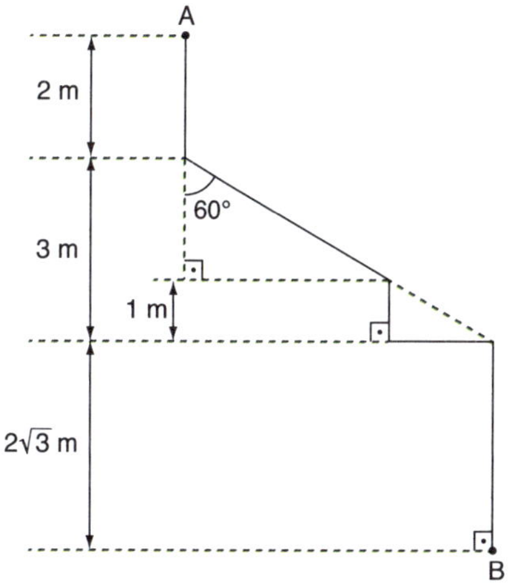

13. (Uneb-BA)

A tirolesa é uma técnica utilizada para o transporte de carga de um ponto a outro. Nessa técnica, a carga é presa a uma roldana que desliza por um cabo, cujas extremidades geralmente estão em alturas diferentes. A tirolesa também é utilizada como prática esportiva, sendo considerada um esporte radical.

Em certo ecoparque, aproveitando a geografia do local, a estrutura para a prática da tirolesa foi montada de maneira que as alturas das extremidades do cabo por onde os participantes deslizam estão a cerca de 52 m e 8 m, cada uma, em relação ao nível do solo, e o ângulo de descida formado com a vertical é de 80°.

Nessas condições, considerando-se o cabo esticado e que tg 10° = 0,176, pode-se afirmar que a distância horizontal percorrida, em metros, ao final do percurso, é aproximadamente igual a

a) 250 b) 252 c) 254 d) 256 e) 258

14. (IFPE)

Em um dia ensolarado, às 10h da manhã, um edifício de 40 metros de altura produz uma sombra de 18 metros. Nesse mesmo instante, uma pessoa de 1,70 metros de altura, situada ao lado desse edifício, produz uma sombra de

a) 1,20 metro.
b) 3,77 metros.
c) 26,47 centímetros.
d) 76,5 centímetros.
e) 94 centímetros.

15. (EEAR-SP)

Seja um triângulo ABC, conforme a figura. Se **D** e **E** são pontos, respectivamente, de AB e AC, de forma que $\overline{AD} = 4$, $\overline{DB} = 8$, $\overline{DE} = x$, $\overline{BC} = y$, e se DE || BC, então

a) y = x + 8
b) y = x + 4
c) y = 3x
d) y = 2x

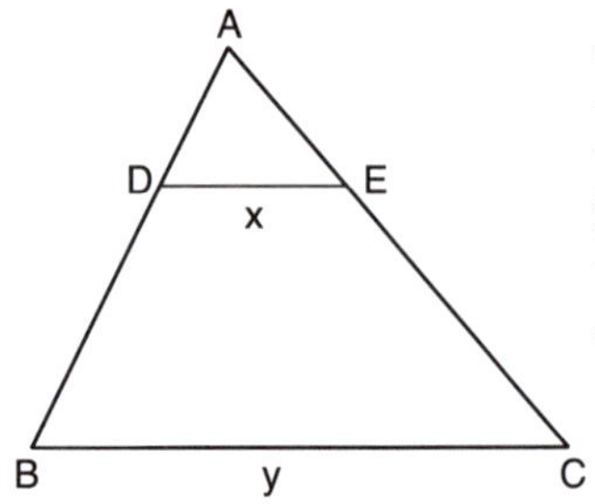

16. (FMP-RJ)

Os lados de um triângulo medem 13 cm, 14 cm e 15 cm, e sua área mede 84 cm². Considere um segundo triângulo, semelhante ao primeiro, cuja área mede 336 cm².

A medida do perímetro do segundo triângulo, em centímetros, é

a) 42
b) 84
c) 126
d) 168
e) 336

17. (Epcar-MG)

Uma coruja está pousada em **R**, ponto mais alto de um poste, a uma altura **h** do ponto **P**, no chão.

Ela é vista por um rato no ponto **A**, no solo, sob um ângulo de 30°, conforme mostra figura ao lado.

O rato se desloca em linha reta até o ponto **B**, de onde vê a coruja, agora sob um ângulo de 45° com o chão e a uma distância $\overline{BR}$ de medida $6\sqrt{2}$ metros.

Com base nessas informações, estando os pontos **A**, **B** e **P** alinhados e desprezando-se a espessura do poste, pode-se afirmar então que a medida do deslocamento $\overline{AB}$ do rato, em metros, é um número entre

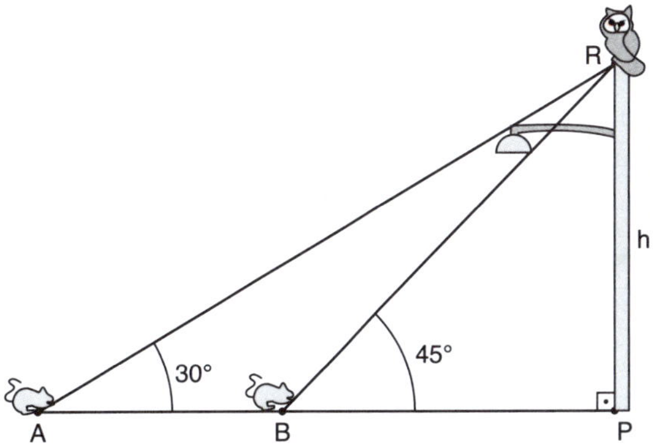

a) 3 e 4
b) 4 e 5
c) 5 e 6
d) 6 e 7

18. (Cefet-MG)

A figura ao lado apresenta um quadrado DEFG e um triângulo ABC cujo lado BC mede 40 cm e a altura AH, 24 cm.

A medida do lado desse quadrado é um número

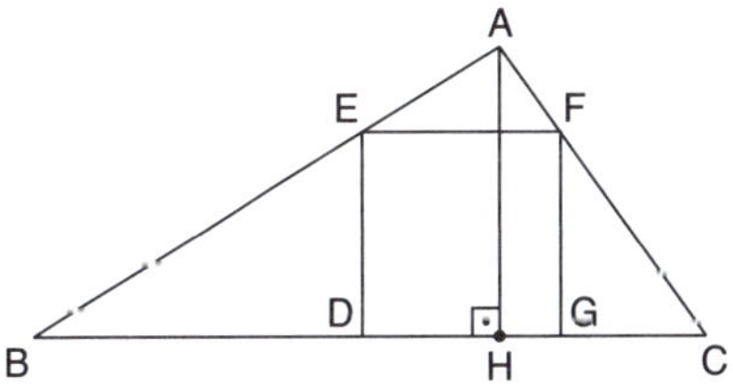

a) par.
b) primo.
c) divisível por 4.
d) múltiplo de 5.

TEXTO PARA A PRÓXIMA QUESTÃO:

Potencialmente, os portos da região Norte podem ser os canais de escoamento para toda a produção de grãos que ocorre acima do paralelo 16 Sul, onde estão situados gigantes do agronegócio. Investimentos em logística e a construção de novos terminais portuários privados irão aumentar consideravelmente o número de toneladas de grãos embarcados anualmente.

19. (UEA-AM)

Suponha que dois navios tenham partido ao mesmo tempo de um mesmo porto **A**, em direções perpendiculares e a velocidades constantes. Sabe-se que a velocidade do navio **B** é de 18 km/h e que, com 30 minutos de viagem, a distância que o separa do navio **C** é de 15 km, conforme mostra a figura:

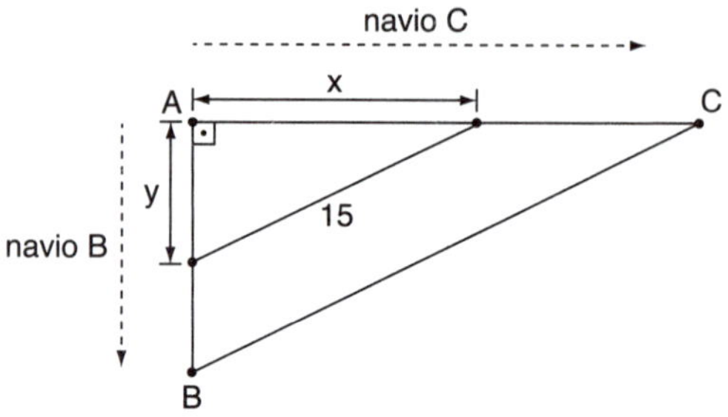

Desse modo, pode-se afirmar que, com uma hora de viagem, a distância, em km, entre os dois navios e a velocidade desenvolvida pelo navio **C**, em km/h, serão, respectivamente,

a) 30 e 25.
b) 25 e 22.
c) 30 e 24.
d) 25 e 20.
e) 25 e 24.

20. (Fuvest-SP)

Um teleférico transporta turistas entre os picos **A** e **B** de dois morros. A altitude do pico **A** é de 500 m, a altitude do pico **B** é de 800 m e a distância entre as retas verticais que passam por **A** e **B** é de 900 m. Na figura, **T** representa o teleférico em um momento de sua ascensão e **x** e **y** representam, respectivamente, os deslocamentos horizontal e vertical do teleférico, em metros, até este momento.

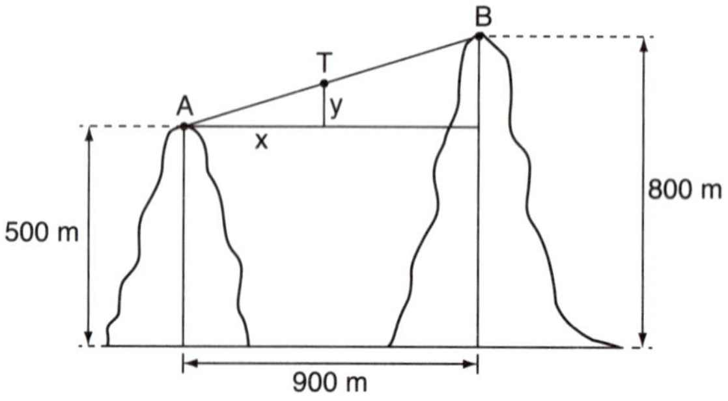

a) Qual é o deslocamento horizontal do teleférico quando o seu deslocamento vertical é igual a 20 m?

b) Se o teleférico se desloca com velocidade constante de 1,5 m/s, quanto tempo o teleférico gasta para ir do pico **A** ao pico **B**?

21. (Unesp-SP)

Uma semicircunferência de centro **O** e raio **r** está inscrita em um setor circular de centro **C** e raio **R**, conforme a figura.

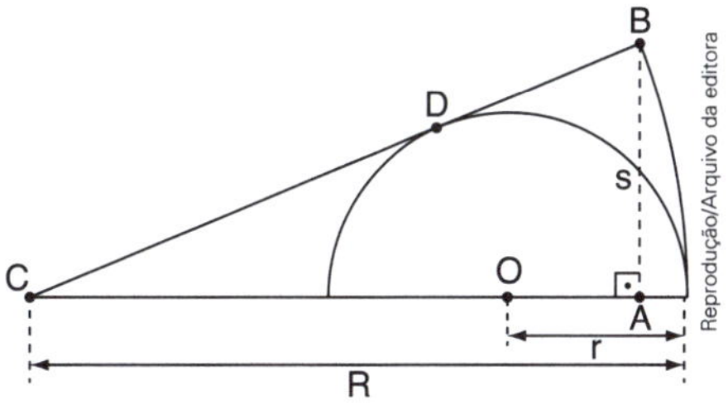

O ponto **D** é de tangência de $\overline{BC}$ com a semicircunferência. Se $\overline{AB} = s$, demonstre que $R \cdot s = R \cdot r + r \cdot s$.

22. (UFRGS-RS)

Observe os discos de raios 2 e 4, tangentes entre si e às semirretas **s** e **t**, representados na figura ao lado.

A distância entre os pontos **P** e **Q** é

a) 9.

b) 10.

c) 11.

d) 12.

e) 13.

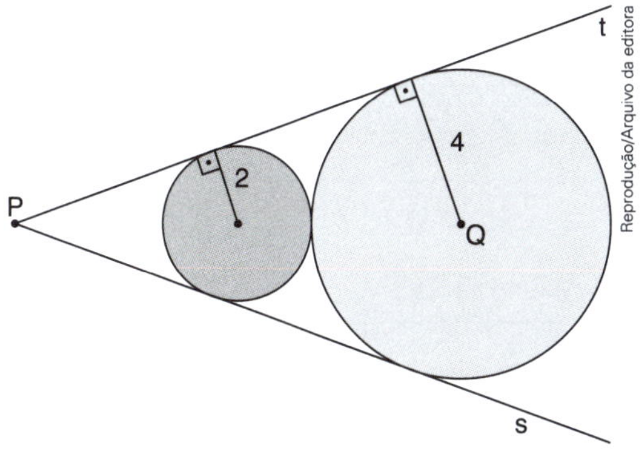

TOTAL DE ACERTOS ____ /22

1. (CFTRJ)

Os alunos de um professor pediram que ele cobrasse na sua prova bimestral exercícios "quase iguais" aos do livro. Após ampla negociação, ficou acordado que o professor poderia mudar apenas uma palavra do exercício que ele escolhesse no livro para cobrar na prova.

O professor escolheu o seguinte problema no livro:

Problema do Livro:

Os lados de um triângulo medem 3x, 4x e 5x e seu perímetro, em cm, mede $3 + \sqrt{3} + \sqrt{6}$. Quanto mede seu menor lado?

E montou o seguinte problema na prova:

Problema da Prova:

Os **ângulos** de um triângulo medem 3x, 4x e 5x e seu perímetro, em cm, mede $3 + \sqrt{3} + \sqrt{6}$. Quanto mede seu menor lado?

Ao perceber que, mesmo trocando apenas uma palavra do enunciado, o problema havia ficado muito mais complicado, um aluno ainda pediu uma dica e o professor sugeriu que ele traçasse a altura relativa ao maior lado.

A resposta correta, em cm, do problema da PROVA é

a) 2 b) $\sqrt{3}$ c) 1 d) $\sqrt{6}$

2. (UFU-MG)

Assuma que a função exponencial de variável real $T = f(t) = r \cdot e^{k \cdot t}$, em que **r** e **k** são constantes reais não nulas, representa a variação da temperatura **T** ao longo do tempo **t** (em horas) com $0 \leqslant t \leqslant 4$.

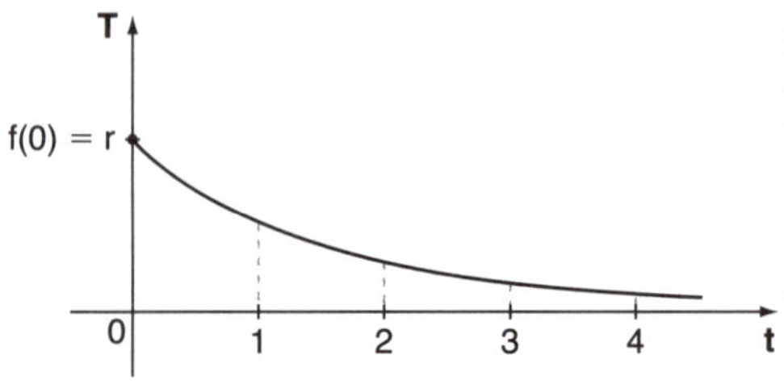

Sabendo que os valores f(1), f(2), f(3) e f(4) formam, nessa ordem, uma progressão geométrica de razão $\frac{1}{4}$ e soma igual a $\frac{255}{128}$, então o valor de **r** é um número múltiplo de

a) 9
b) 5
c) 3
d) 7

3. (Fuvest-SP)

Seja $f(x) = |x| - 1$, $\forall x \in \mathbb{R}$, e considere também a função composta $g(x) = f(f(x))$, $\forall x \in \mathbb{R}$.

a) Esboce o gráfico da função **f**, no desenho da folha de respostas, indicando seus pontos de interseção com os eixos coordenados.

b) Esboce o gráfico da função **g**, no desenho da folha de respostas, indicando seus pontos de interseção com os eixos coordenados.

c) Determine os valores de **x** para os quais $g(x) = 5$.

Gráfico de *f*

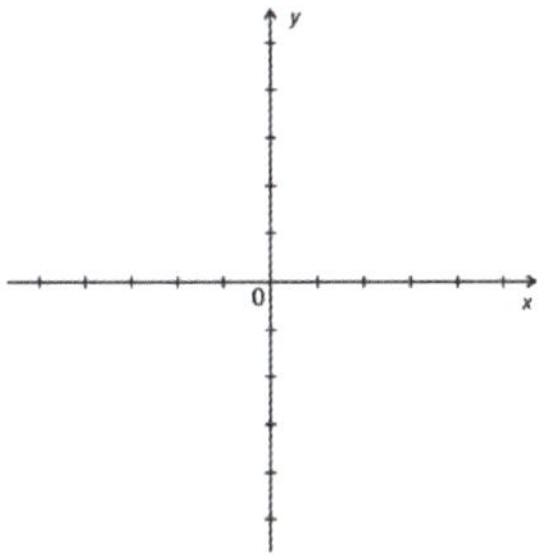

Gráfico de *g*

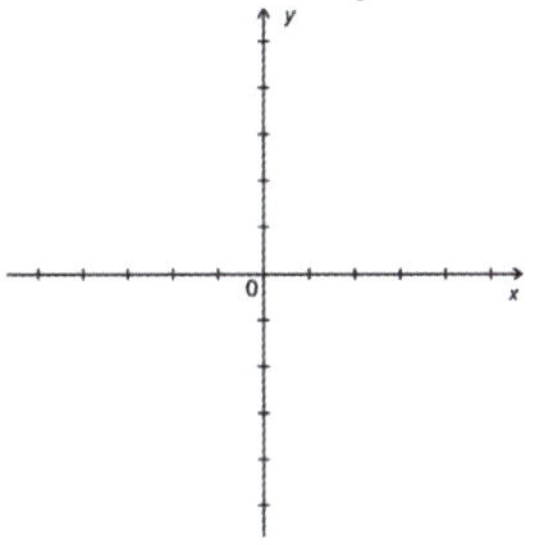

4. (Fuvest-SP)

Dentre os candidatos que fizeram provas de matemática, português e inglês num concurso, 20 obtiveram nota mínima para aprovação nas três disciplinas. Além disso, sabe-se que:

I. 14 não obtiveram nota mínima em matemática;

II. 16 não obtiveram nota mínima em português;

III. 12 não obtiveram nota mínima em inglês;

IV. 5 não obtiveram nota mínima em matemática e em português;

V. 3 não obtiveram nota mínima em matemática e em inglês;

VI. 7 não obtiveram nota mínima em português e em inglês e

VII. 2 não obtiveram nota mínima em português, matemática e inglês.

A quantidade de candidatos que participaram do concurso foi

a) 44.
b) 46.
c) 47.
d) 48.
e) 49.

5. (Uece)

No triângulo XYZ, retângulo em **X**, a medida do ângulo interno em **Y** é 30°. Se **M** é a interseção da bissetriz do ângulo interno em **Z** com o lado XY, e a medida do segmento ZM é $6\sqrt{3}$ m, então, pode-se afirmar corretamente que o perímetro deste triângulo é uma medida, em metros, situada entre

a) 40 e 45.
b) 45 e 50.
c) 50 e 55.
d) 55 e 60.

6. (UFC-CE)

O conjunto formado pelos números naturais cuja divisão por 5 deixa resto 2 forma uma progressão aritmética de razão igual a:

a) 2
b) 3
c) 4
d) 5
e) 6

7. (Unioeste-PR)

O *Saccharomyces cerevisiae* é um fungo com bastante importância econômica. É utilizado como fermento para a massa de pão, produzindo dióxido de carbono e fazendo a massa crescer. É também utilizado na produção de bebidas alcoólicas fermentadas, pois converte o açúcar em álcool etílico. Sob certas condições de cultura, este fungo cresce exponencialmente de forma que a quantidade presente em um instante **t** dobra a cada 1,5 hora. Nestas condições, se colocarmos uma quantidade $\mathbf{q_0}$ deste fungo em um meio de cultura, a quantidade q(t) existente do fungo, decorridas **t** horas com $t \in [0, \infty)$, pode ser calculada pela função

a) $q(t) = q_0 4^{3t}$.

b) $q(t) = \frac{4}{9}t^2 q_0 + q_0$.

c) $q(t) = \left(\frac{3}{2}q_0\right)^2$.

d) $q(t) = q_0\left(\frac{3}{2}\right)^{2t}$.

e) $q(t) = \sqrt[3]{4^t}\, q_0$.

8. (UFC-CE)

A soma dos 15 primeiros termos de uma progressão aritmética é 150. O 8º termo desta P.A. é:

a) 10
b) 15
c) 20
d) 25
e) 30

9. (Ufal)

As idades de três pessoas são numericamente iguais aos termos de uma progressão aritmética de razão 5. Se daqui a 3 anos a idade da mais velha será o dobro da idade da mais jovem, nessa época, a soma das três idades será

a) 36 anos.
b) 38 anos.
c) 42 anos.
d) 45 anos.
e) 48 anos.

10. (CPII-RJ)

A erosão é o processo de desgaste, transporte e sedimentação das rochas e, principalmente, dos solos. Ela pode ocorrer por ação de fenômenos da natureza ou do ser humano.

A imagem mostra uma fenda no solo, proveniente de erosão.

<http://tinyurl.com/pdqj75z> Acesso em: 25.08.2015.
Original colorido.

Para determinar a distância entre os pontos **A** e **B** da fenda, pode-se utilizar o modelo matemático da figura.

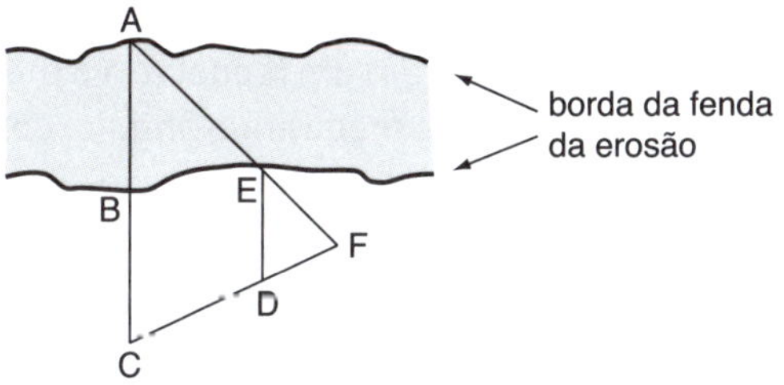

Na figura, tem-se:

- os triângulos AFC e EFD;
- o ponto **E** pertencente ao segmento $\overline{AF}$;
- o ponto **D** pertencente ao segmento $\overline{CF}$;
- os pontos **C**, **D** e **F** pertencentes ao terreno plano que margeia a borda da fenda; e
- as retas $\overleftrightarrow{AC}$ e $\overleftrightarrow{ED}$ que são paralelas entre si.

Sabendo-se que BC = 5 m, CD = 3 m, DF = = 2 m e ED = 4,5 m, então, a distância entre os pontos **A** e **B** é, em metros,

a) 6,25.
b) 6,50.
c) 6,75.
d) 7,25.
e) 7,75.

11. (Epcar-MG)

O gráfico a seguir é de uma função polinomial do 1º grau e descreve a velocidade **v** de um móvel em função do tempo **t**:

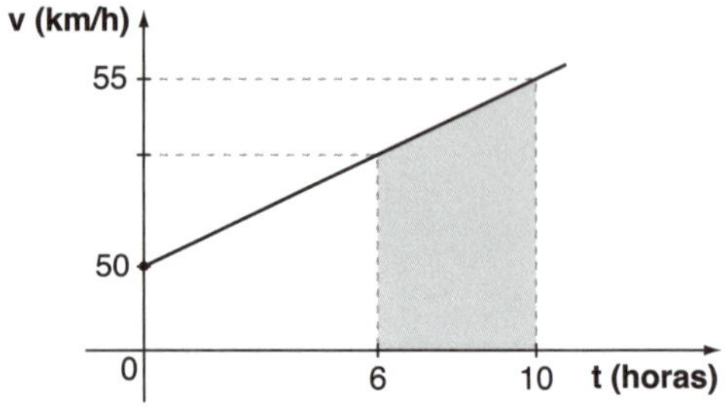

Reprodução/Arquivo da editora

Assim, no instante t = 10 horas o móvel está a uma velocidade de 55 km/h, por exemplo.

Sabe-se que é possível determinar a distância que o móvel percorre calculando a área limitada entre o eixo horizontal **t** e a semirreta que representa a velocidade em função do tempo. Desta forma, a área hachurada no gráfico fornece a distância, em km, percorrida pelo móvel do instante 6 a 10 horas.

É correto afirmar que a distância percorrida pelo móvel, em km, do instante 3 a 9 horas é de

a) 318 b) 306 c) 256 d) 212

12. (PUC-PR)

Um determinado professor de uma das disciplinas do curso de Engenharia Civil da PUC solicitou como trabalho prático que um grupo de alunos deveria efetuar a medição da altura da fachada da Biblioteca Central da PUC usando um teodolito. Para executar o trabalho e determinar a altura, eles colocaram um teodolito a 6 metros da base da fachada e mediram o ângulo, obtendo 30°, conforme mostra figura abaixo. Se a luneta do teodolito está a 1,70 m do solo, qual é, aproximadamente, a altura da fachada da Biblioteca Central da PUC?

Dados (sen 30° = 0,5, cos 30° = 0,87 e tg 30° = 0,58)

Reprodução/PUC-PR, 2015

a) 5,18 m c) 5,22 m e) 5,15 m
b) 4,70 m d) 5,11 m

13. (Insper-SP)

Considere a função **f** dada pela lei $f(x) = ||x| - 4|$.

a) Esboce o gráfico da função **f** no sistema cartesiano abaixo.

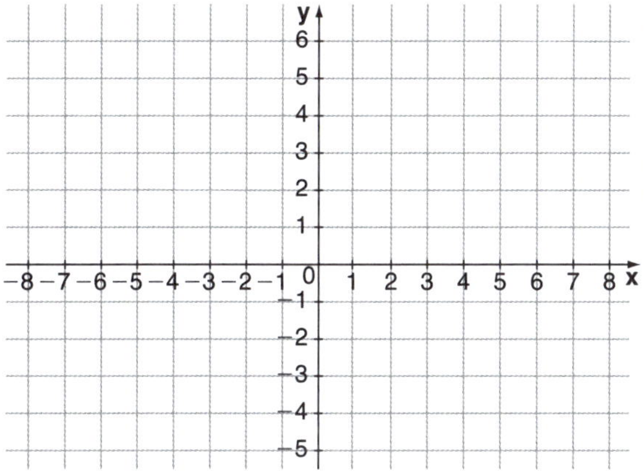

b) Sendo **a** um número real, determine todos os valores de **a** para os quais a equação $f(x) = a \cdot |x|$ possui exatamente quatro soluções reais.

14. (Unicamp-SP)

A figura abaixo exibe um triângulo com lados de comprimentos **a**, **b** e **c** e ângulos internos θ, 2θ e β.

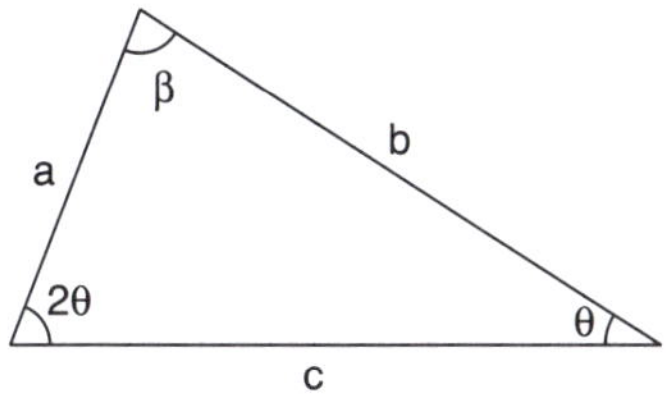

a) Supondo que o triângulo seja isósceles, determine todos os valores possíveis para o ângulo θ.

b) Prove que, se $c = 2a$, então $\beta = 90°$.

15. (FGV-RJ)

O número **N** de habitantes de uma cidade cresce exponencialmente com o tempo, de modo que, daqui a **t** anos, esse número será $N = 20\,000(1 + k)^t$, onde **k** é um número real. Se daqui a 10 anos a população for de 24 000 habitantes, daqui a 20 anos ela será de:

a) 28 000 habitantes
b) 28 200 habitantes
c) 28 400 habitantes
d) 28 600 habitantes
e) 28 800 habitantes

16. (IME-RJ)

A soma dos termos de uma progressão aritmética é 244. O primeiro termo, a razão e o número de termos formam, nessa ordem, outra progressão aritmética de razão 1. Determine a razão da primeira progressão aritmética.

a) 7 b) 8 c) 9 d) 10 e) 11

17. (Cefet-MG)

Analise a figura a seguir.

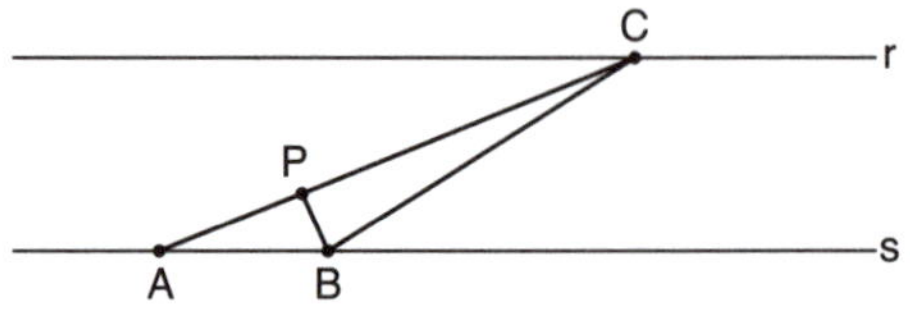

Sobre essa figura, são feitas as seguintes considerações:

I. **r** e **s** são retas paralelas e distam em 3 cm uma da outra.

II. $\overline{AB}$ é um segmento de 1,5 cm contido em **s**.

III. O segmento $\overline{AC}$ mede 4 cm.

IV. $\overline{BP}$ é perpendicular a $\overline{AC}$.

A medida do segmento $\overline{BP}$, em cm, é

a) $\frac{8}{9}$.　　b) $\frac{9}{8}$.　　c) $\frac{8}{5}$.　　d) $\frac{9}{5}$.

18. (PUC-PR)

Um consumidor, ao adquirir um automóvel, assumiu um empréstimo no valor total de R$ 42 000,00 (já somados juros e encargos). Esse valor foi pago em 20 parcelas, formando uma progressão aritmética decrescente. Dado que na segunda prestação foi pago o valor de R$ 3 800,00, a razão desta progressão aritmética é:

a) −300
b) −200
c) −150
d) −100
e) −350

19. (ESPM-SP)

Em uma aula de Matemática, o professor propôs 2 problemas para serem resolvidos pela turma. 76% dos alunos resolveram o primeiro problema, 48% resolveram o segundo e 20% dos alunos não conseguiram resolver nenhum dos dois. Se apenas 22 alunos resolveram os dois problemas, pode-se concluir que o número de alunos dessa classe é:

a) maior que 60
b) menor que 50
c) múltiplo de 10
d) múltiplo de 7
e) ímpar

20. (ESPM-SP)

Sendo $x < 1$ e $y = \sqrt{x^2 - 2x + 1} + x + 1$, então:

a) $y = 2$
b) $y = 2x$
c) $y = 0$
d) $y = -2x$
e) $y = x^2 + x + 2$

21. (Acafe-SC)

A figura a seguir representa um triângulo isósceles ABC, cuja base é $\overline{BC} = 8$ cm e o segmento $\overline{DF} = 2$ cm paralelo a $\overline{BC}$.

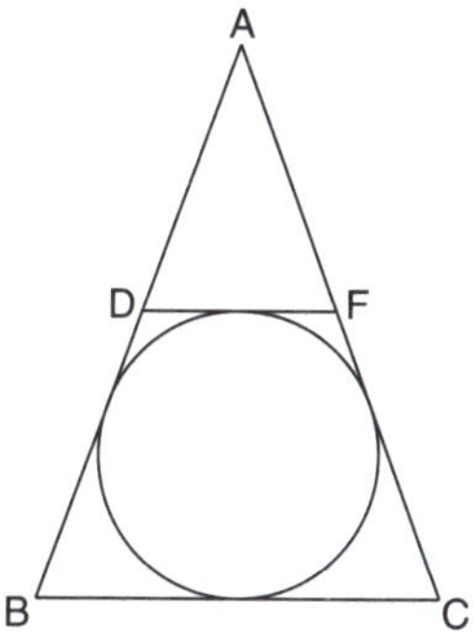

Sabendo que a circunferência está inscrita no quadrilátero BCDF, então a medida, em unidades de área, da região circular, é igual a:

a) 4π. b) 2π. c) π. d) $\frac{\pi}{4}$.

22. (PUC-RJ)

João tem três filhas. A filha mais velha tem oito anos a mais que a do meio, que por sua vez tem sete anos mais que a caçula. João observou que as idades delas formam uma progressão geométrica. Quais são as idades delas?

23. (IFPE)

Um aluno do IFPE, *campus* Garanhuns, estava caminhando próximo à Serra das Vacas e, ao avistar uma das torres eólicas, ficou curioso a respeito da altura da mesma. Utilizando um transferidor, com a base paralela ao solo, observou o ponto mais alto da torre sob um ângulo de 30°. Após caminhar 60 m em linha reta na direção da torre, passou a observar o mesmo ponto segundo um ângulo de 45°. Desconsiderando a altura do aluno, calcule a altura aproximada desta torre. (Use $\sqrt{3} = 1,73$)

Torres eólicas na Serra das Vacas, PE.

Disponível em: <http://www.eolicaserradasvacas.com.br/>. Acesso: 08 out. 2016.

a) 85 metros.
b) 82 metros.
c) 72 metros.
d) 90 metros.
e) 75 metros.

24. (Enem)

A população mundial está ficando mais velha, os índices de natalidade diminuíram e a expectativa de vida aumentou. No gráfico seguinte, são apresentados dados obtidos por pesquisa realizada pela Organização das Nações Unidas (ONU), a respeito da quantidade de pessoas com 60 anos ou mais em todo o mundo. Os números da coluna da direita representam as faixas percentuais. Por exemplo, em 1950 havia 95 milhões de pessoas com 60 anos ou mais nos países desenvolvidos, número entre 10% e 15% da população total nos países desenvolvidos.

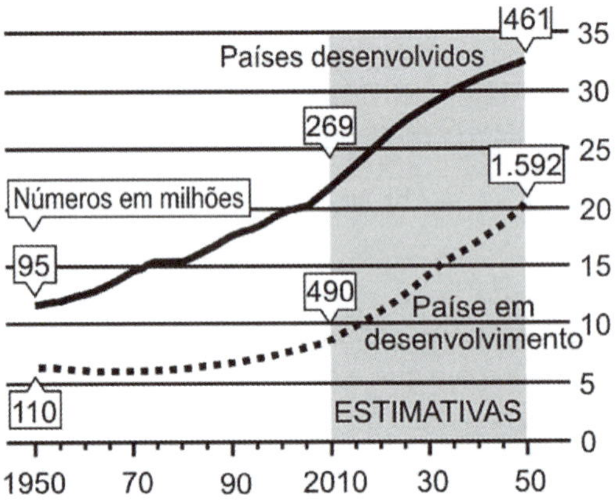

Fonte: "Perspectivas da População Mundial", ONU, 2009

Disponível em: www.economist.com.
Acesso em: 9 jul. 2009 (adaptado).

Suponha que o modelo exponencial $y = 363\, e^{0,03x}$, em que $x = 0$ corresponde ao ano 2000, $x = 1$ corresponde ao ano 2001, e assim sucessivamente, e que **y** é a população em milhões de habitantes no ano **x**, seja usado para estimar essa população com 60 anos ou mais de idade nos países em desenvolvimento entre 2010 e 2050. Desse modo, considerando $e^{0,3} = 1,35$, estima-se que a população com 60 anos ou mais estará, em 2030, entre

a) 490 e 510 milhões.

b) 550 e 620 milhões.

c) 780 e 800 milhões.

d) 810 e 860 milhões.

e) 870 e 910 milhões.

25. (UFRRJ)

Numa sala de aula, cada um dos 100 alunos recebe um número que faz parte de uma sequência que está em progressão aritmética. Sabendo-se que a soma de todos os números é 15 050 e que a diferença entre o 46º e o 1º é 135, determine o 100º número.

26. (Epcar-MG)

Um terreno com formato de um triângulo retângulo será dividido em dois lotes por uma cerca feita na mediatriz da hipotenusa, conforme mostra a figura.

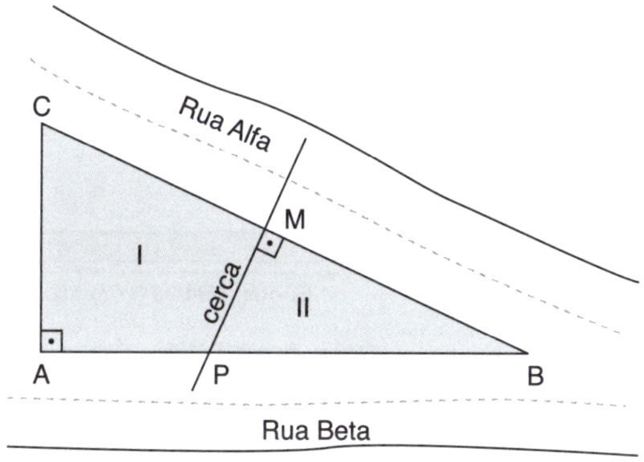

Sabe-se que os lados AB e BC desse terreno medem, respectivamente, 80 m e 100 m. Assim, a razão entre o perímetro do lote **I** e o perímetro do lote **II**, nessa ordem, é

a) $\frac{5}{3}$

b) $\frac{10}{11}$

c) $\frac{3}{5}$

d) $\frac{11}{10}$

27. (Fatec-SP)

Uma pesquisa foi realizada com alguns alunos da Fatec São Paulo sobre a participação em um Projeto de Iniciação Científica (PIC) e a participação na reunião anual da Sociedade Brasileira para o Progresso da Ciência (SBPC).

Dos 75 alunos entrevistados:

- 17 não participaram de nenhuma dessas duas atividades;
- 36 participaram da reunião da SBPC e
- 42 participaram do PIC.

Nessas condições, o número de alunos entrevistados que participaram do PIC e da reunião da SBPC é

a) 10.

b) 12.

c) 16.

d) 20.

e) 22.

28. (UnB-DF)

O gráfico a seguir ilustra o número de assinantes residenciais da Internet no Brasil, em milhares, nos últimos cinco anos.

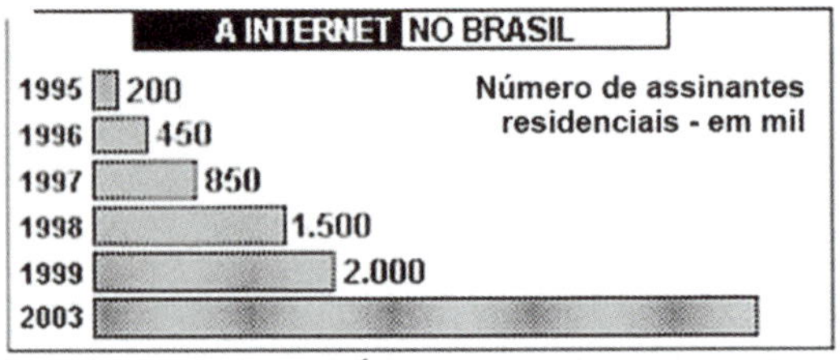

Época, 26/4/99 (com adaptações).

$$F(t) = A\,e^{K(T-1998)}$$

A partir desses dados, é importante obter um modelo matemático capaz de estimar o número de assinantes residenciais da Internet do Brasil em datas diferentes das fornecidas. Para isso, aproxima-se o número anual de assinantes, em milhares, por uma função exponencial do tipo mostrado abaixo do gráfico em que **t** é o ano, e = 2,718... é a base do sistema neperiano de logaritmos, **A** e **k** são constantes a serem determinadas.

Considerando que F(1998) = 1 600 e F(1999) = = 2 000, calcule, em centenas de milhares, a estimativa do número de assinantes no ano de 2003, desprezando a parte fracionária de seu resultado, caso exista.

29. (Cesgranrio-RJ)

O número de assinantes de um jornal de grande circulação no estado aumentou, nos quatro primeiros meses do ano, em progressão geométrica, segundo os dados de uma pesquisa constantes na tabela a seguir.

Mês	Número de assinantes
Janeiro	5 000
Fevereiro	________
Março	6 050
Abril	________

Em relação ao mês de fevereiro, o número de assinantes desse jornal no mês de abril teve um aumento de:

a) 1 600
b) 1 510
c) 1 155
d) 1 150
e) 1 050

30. (Uece)

No triângulo XYZ, as medidas em graus dos ângulos internos formam uma progressão aritmética cuja razão é igual a 30°. Se a medida do maior lado deste triângulo é igual a 12 cm, então a soma das medidas, em cm, dos seus outros dois lados é igual a

a) $6(\sqrt{3} + 1)$.

b) $6\left(\sqrt{3}+2\right)$.

c) $6\left(\sqrt{3} +3\right)$.

d) $6\sqrt{3}$.

31. (IFSP)

Uma escada de 10 metros de comprimento está apoiada em uma parede que forma um ângulo de 90 graus com o chão. Sabendo que o ângulo entre a escada e a parede é de 30 graus, é correto afirmar que o comprimento da escada corresponde, da distância **x** do "pé da escada" até a parede em que ela está apoiada, a:

a) 145%

b) 200%

c) 155%

d) 147,5%

e) 152,5%

32. (Unesp-SP)

A figura adiante mostra os gráficos de uma função exponencial $y = a^x$ e da reta que passa pelo ponto $\left(0, \frac{5}{3}\right)$ e tem inclinação $\frac{10}{7}$. Pelo ponto $C = \left(\frac{1}{2}, 0\right)$ passou-se a perpendicular ao eixo **x**, que corta os gráficos, respectivamente, em **B** e **A**.

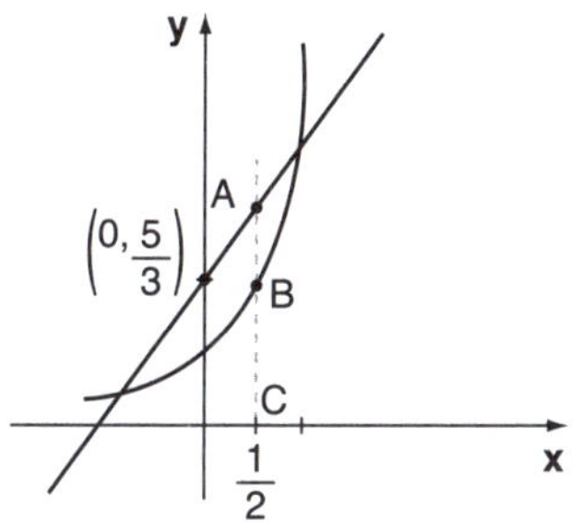

Supondo-se que **B** esteja entre **A** e **C**, conforme mostra a figura, e que a medida do segmento AB é dada por $\frac{8}{21}$, determine o valor de **a**.

33. (ESPM-SP)

O gráfico que melhor representa a função $y = |x| + 2^{\log_2 x}$ é:

a) 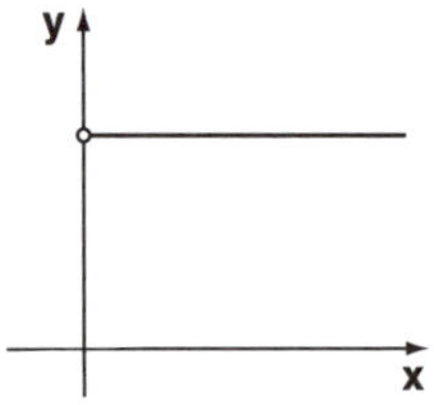

b) 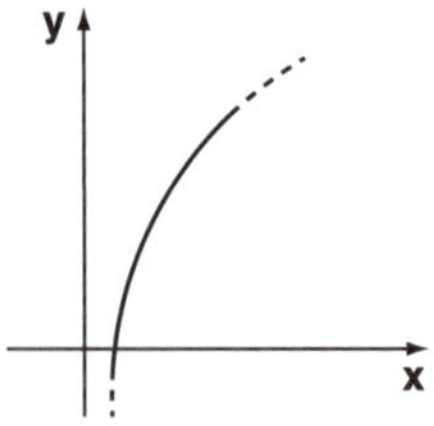

c) 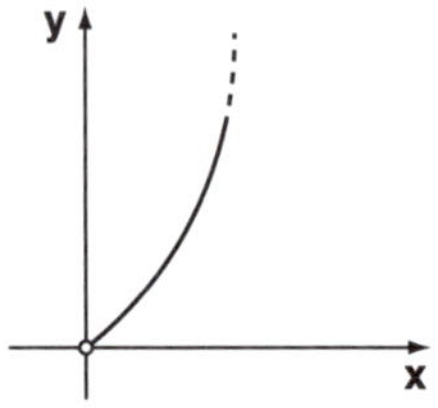

d) 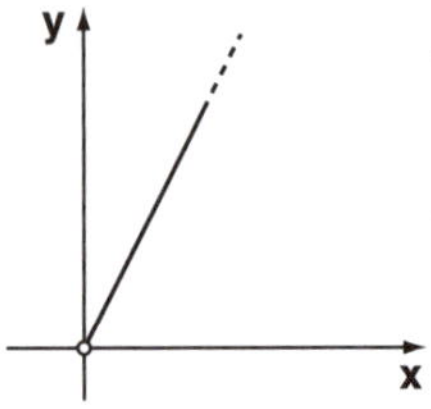

e) 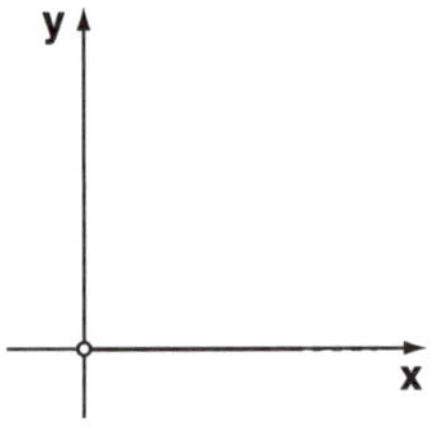

Ilustrações: Reprodução/Arquivo da editora

34. (UFPR)

Considere os conjuntos de pares ordenados $C = \{(-2, 2), (-1, 1), (-1, 4), (1, 1), (1, 5)\}$ e $Q = \{(4, 6), (5, 0), (5, 3), (6, 5), (7, 1)\}$.

Diremos que a reta **r** separa os pontos dos conjuntos **C** e **Q** quando nenhum elemento de **C** está à direita da reta **r** e nenhum elemento de **Q** está à esquerda da reta **r**.

Na figura abaixo, podemos ver que a reta de equação $y = 3x - 2$ separa os pontos de **C** e **Q**. Por outro lado, a reta de equação $y = -x + 4$ não separa os pontos de **C** e **Q**, pois o par ordenado (1, 5) pertence ao conjunto **C** e está à direita dessa reta.

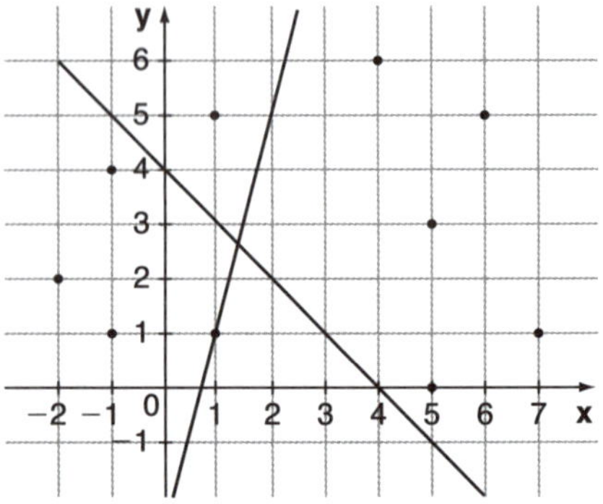

Reprodução/Arquivo da editora

a) A reta de equação $y = 2x + 1$ separa os pontos dos conjuntos **C** e **Q**? Justifique sua resposta.

b) Para quais valores de $a \in \mathbb{R}$ a reta de equação $y = ax - 3$ separa os pontos dos conjuntos **C** e **Q**?

TEXTO PARA A PRÓXIMA QUESTÃO:

Suzana quer construir uma piscina de forma triangular em sua casa de campo, conforme a figura abaixo (ilustrativa).

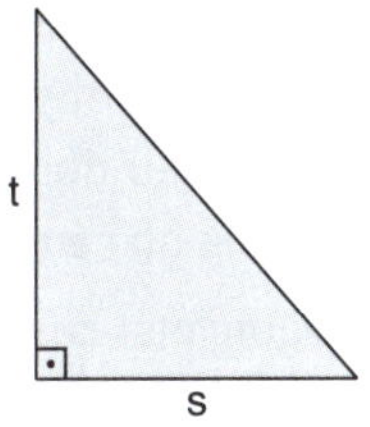

Banco de imagens/Arquivo da editora

Ela deseja que:

- as medidas **s** e **t** sejam **diferentes**;
- a área da piscina seja 50 m^2;
- a borda de medida **s** seja revestida com um material que custa 48 reais o metro linear;
- a borda de medida **t** seja revestida com um material que custa 75 reais o metro linear.

35. (Insper-SP)

Ao conversar com o arquiteto, porém, Suzana foi informada de que já foi construída uma saída de água que fica a uma distância de 3 m da borda de medida **t** e a 7 m da borda de medida **s**. Para que a terceira borda da piscina passe por esse ponto, **t** deve ser aproximadamente igual a

a) 10,00 m.
b) 13,33 m.
c) 16,67 m.
d) 20,00 m.
e) 23,33 m.

36. (Fuvest-SP)

a) Represente, no sistema de coordenadas desenhado na folha de respostas, os gráficos das funções $f(x) = |4 - x^2|$ e $g(x) = \frac{x+7}{2}$

b) Resolva a inequação $|4 \quad x^2| < \frac{x+7}{2}$

37. (UEPG-RS)

Os **N** alunos de uma turma realizaram uma prova com apenas duas questões. Sabe-se que 37 alunos acertaram somente uma das questões, 33 acertaram a primeira questão, 18 erraram a segunda e 20 alunos acertaram as duas questões. Se nenhum aluno deixou questão em branco, assinale o que for correto.

01) **N** é um número múltiplo de 4.

02) 30 alunos erraram a primeira questão.

04) $N > 60$.

08) 5 alunos erraram as duas questões.

38. (UFSC)

Em cada item a seguir, f(x) e g(x) representam leis de formação de funções reais **f** e **g**, respectivamente. O domínio de **f** deve ser considerado como o conjunto de todos os valores de **x** para os quais f(x) é real. Da mesma forma, no caso de **g** considera-se o seu domínio todos os valores de **x** para os quais g(x) é real.

Verifique a seguir o(s) caso(s) em que **f** e **g** são iguais e assinale a(s) proposição(ões) CORRETA(S).

01) $f(x) = \sqrt{x^2}$ e $g(x) = |x|$

02) $f(x) = \dfrac{\sqrt{x}}{x}$ e $g(x) = \dfrac{1}{\sqrt{x}}$

04) $f(x) = \sqrt{x^2}$ e $g(x) = x$

08) $f(x) = \left(\sqrt{x}\right)^2$ e $g(x) = x$

16) $f(x) = \dfrac{\sqrt{x}}{\sqrt{x-1}}$ e $g(x) = \sqrt{\dfrac{x}{x-1}}$

39. (FGV-SP)

Com **m** e **n** reais, os gráficos representam uma função logarítmica, e seu intersecto com o eixo **x**, e uma função afim, e seu intersecto com o eixo **y**.

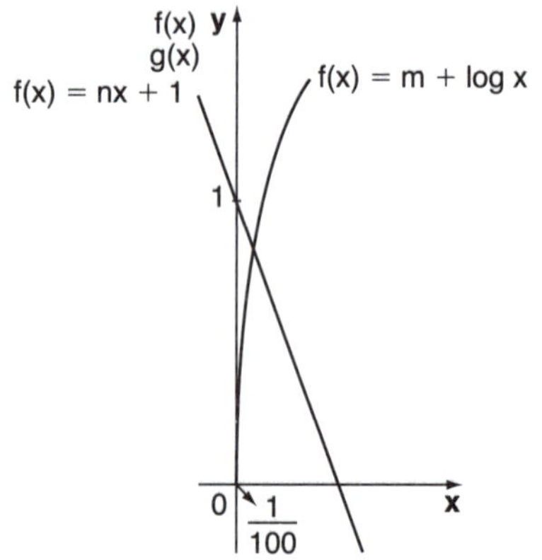

Se $f\left(g\left(\dfrac{1-\sqrt{10}}{3}\right)\right) = \dfrac{5}{2}$, então m^n é igual a

a) $\dfrac{1}{8}$

b) $\dfrac{1}{4}$

c) $\dfrac{1}{2}$

d) 4

e) 8

40. (UFMG)

Na figura a seguir, o triângulo ABC tem área igual a 126. Os pontos **P** e **Q** dividem o segmento AB em três partes iguais, assim como os pontos **M** e **N** dividem o segmento BC em três partes iguais.

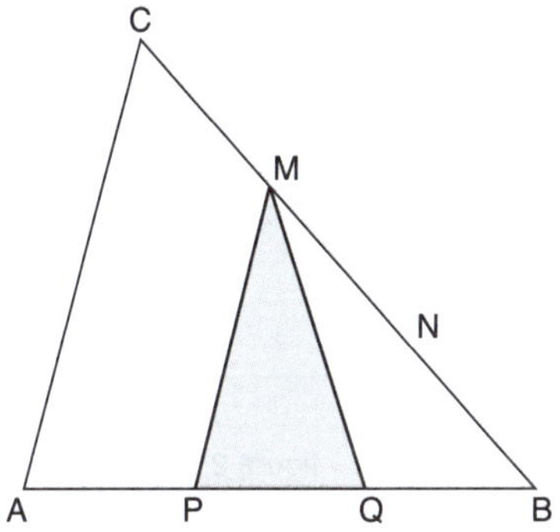

Com base nessas informações,

a) Determine a área do triângulo QBN.

b) Determine a área do triângulo sombreado PQM.

41. (Unesp-SP)

Em 2010, o Instituto Brasileiro de Geografia e Estatística (IBGE) realizou o último censo populacional brasileiro, que mostrou que o país possuía cerca de 190 milhões de habitantes. Supondo que a taxa de crescimento populacional do nosso país não se altere para o próximo século, e que a população se estabilizará em torno de 280 milhões de habitantes, um modelo matemático capaz de aproximar o número de habitantes (P), em milhões, a cada ano (**t**), a partir de 1970, é dado por:

$$P(t) = \left[280 - 190 \cdot e^{-0,019 \cdot (t - 1970)}\right]$$

Baseado nesse modelo, e tomando a aproximação para o logaritmo natural

$$\ln\left(\frac{14}{95}\right) \simeq -1,9$$

a população brasileira será 90% da suposta população de estabilização aproximadamente no ano de:

a) 2065.
b) 2070.
c) 2075.
d) 2080.
e) 2085.

42. (UFU-MG)

Na Figura 1, o triângulo retângulo ABC possui ângulo reto em **B**, AF = 1 cm, AC = 10 cm, e BDEF é um quadrado. Suponha que o quadrado BDEF seja transladado ao longo de AC, sem alterar a medida dos lados e ângulos ao longo dessa translação, gerando, dessa forma, um novo quadrado XYZW, em que coincidem os pontos **C** e **Z** conforme ilustra a Figura 2.

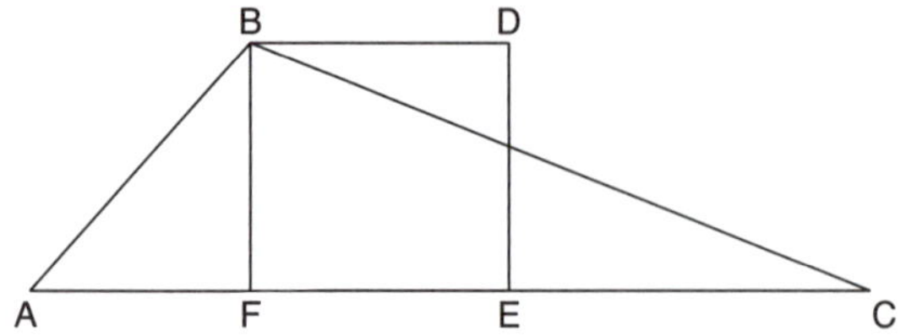

figura 1

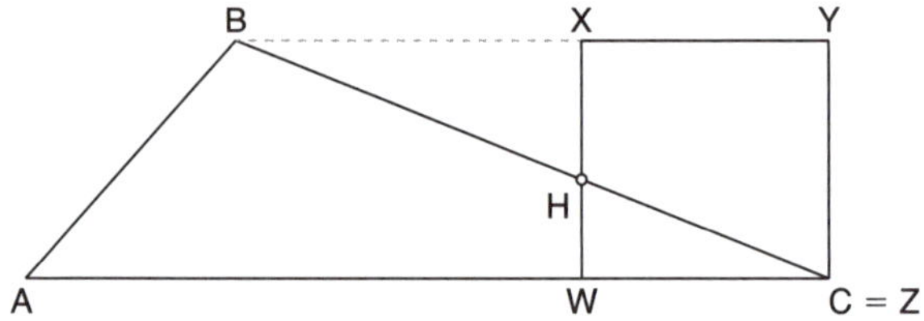

figura 2

Nessas condições, qual é o valor (em cm^2) da área do triângulo HZW?

a) $\frac{5}{2}$ b) $\frac{13}{4}$ c) $\frac{3}{2}$ d) $\frac{15}{2}$

43. (Udesc)
Em um escola, uma pesquisa tinha por objetivo classificar os seus 500 alunos etnicamente. Para isso, fez uma primeira pesquisa em que classificou os alunos em três categorias: feminino ou masculino; olhos claros ou escuros; loiros ou morenos. Sabendo-se que cada aluno foi incluído nas três categorias, os dados obtidos foram: 60% são do sexo feminino; 30% têm olhos claros e 55% são morenos. Além disso, o número de alunos de olhos escuros e do sexo masculino é igual ao total de alunos de olhos claros, todos os alunos do sexo masculino de olhos escuros são morenos, 50% dos alunos do sexo masculino de olhos claros são loiros e 25 alunas do sexo feminino têm olhos claros e são loiras.

Com base nesses dados, assinale a alternativa **correta**.

a) O número de alunas do sexo feminino e de olhos claros é menor que o número de alunas do sexo feminino e morenas.
b) O número de alunas do sexo feminino e loiras é igual ao número de alunos do sexo masculino.
c) As alunas do sexo feminino estão igualmente distribuídas nas outras categorias.
d) Não há nenhuma aluna do sexo feminino morena com olhos claros.
e) O número de alunos do sexo masculino de olhos claros e morenos é igual ao número de alunos do sexo masculino de olhos escuros e loiros.

44. (FGV-SP)

O conjunto solução da equação

$$x \cdot \left[\log_2(7^x) + \log_2\left(\frac{7}{3}\right)\right] + \log_2(21^x) = 0,$$

sendo $\log_2(N)$, o logaritmo do número **N** na base 2 é:

a) ∅

b) {0}

c) {1}

d) {0, −2}

e) {0, 2}

45. (Ufscar-SP)

Considere as funções reais **f** e **g**, definidas por $f(x) = \dfrac{x-2}{\sqrt{x-2}}$ e $g(x) = |3 - 2x| + 1$

a) Determine o domínio da função **f** e a imagem da função **g**.

b) Determine o domínio de f(g(x)).

46. (UEL-PR)

Como podemos compreender a dinâmica de transformar números? Essa pergunta pode ser respondida com o auxílio do conceito de uma função real. Vejamos um exemplo. Seja $f: \mathbb{R} \to \mathbb{R}$ a função dada por $f(x) = x\sqrt{5} + 1 - 2x$. Se $a, b \in \mathbb{R}$ são tais que $f(a) = b$, então diremos que **b** é descendente de **a** e também convencionaremos dizer que **a** é ancestral de **b**. Por exemplo, 1 é descendente de 0, já que $f(0) = 1$. Note também que 1 é ancestral de $\sqrt{5} - 1$, uma vez que $f(1) = \sqrt{5} - 1$.

Com base na função dada, e nessas noções de descendência e ancestralidade, atribua V (verdadeiro) ou F (falso) às afirmativas a seguir.

( ) Todo número real tem descendente.

( ) $2 + \sqrt{5}$ é ancestral de 2.

( ) Todo número real tem ao menos dois ancestrais distintos.

( ) Existe um número real que é ancestral dele próprio.

( ) $6 - 2\sqrt{5}$ é descendente de 5.

Assinale a alternativa que contém, de cima para baixo, a sequência correta.

a) F, F, F, V, V

b) F, V, F, F, V

c) V, V, F, V, F

d) V, V, V, F, V

e) V, F, V, V, F

47. (Udesc)

Seja **X** um conjunto com 6 elementos distintos e seja P(X) o conjunto das partes de **X**. O número de elementos de P(X) é:

a) 62

b) 64

c) 6

d) 7

e) 63

48. (UFMG)

O pH de uma solução aquosa é definido pela expressão $pH = -\log [H^+]$, em que $[H^+]$ indica a concentração, em mol/L, de íons de Hidrogênio na solução e log, o logaritmo na base 10.

Ao analisar uma determinada solução, um pesquisador verificou que, nela, a concentração de íons de Hidrogênio era $[H^+] = 5{,}4 \cdot 10^{-8}$mol/L.

Para calcular o pH dessa solução, ele usou os valores aproximados de 0,30, para log 2, e de 0,48, para log 3.

Então, o valor que o pesquisador obteve para o pH dessa solução foi

a) 7,26 b) 7,32 c) 7,58 d) 7,74

49. (PUC-SP)

A energia nuclear, derivada de isótopos radiativos, pode ser usada em veículos espaciais para fornecer potência. Fontes de energia nuclear perdem potência gradualmente, no decorrer do tempo. Isso pode ser descrito pela função exponencial $P = P_0 \cdot e^{-\frac{t}{250}}$ na qual **P** é a potência instantânea, em watts, de radioisótopos de um veículo espacial; $\mathbf{P_0}$ é a potência inicial do veículo; **t** é o intervalo de tempo, em dias, a partir de $t_0 = 0$; **e** é a base do sistema de logaritmos neperianos. Nessas condições, quantos dias são necessários, aproximadamente, para que a potência de um veículo espacial se reduza à quarta parte da potência inicial? (Dado: ln 2 = 0,693)

a) 336

b) 338

c) 340

d) 342

e) 346

50. (Ufscar-SP)

Sejam **f** e **g** funções modulares reais definidas por $f(x) = |x + 2|$ e $g(x) = 2|x - 2|$.

a) Resolva a equação $f(x) = g(x)$.

b) Construa o gráfico da função real **h**, definida por $h(x) = |x + 2| - 2|x - 2|$.

51. (EBM-SP)

Em um grupo de 100 jovens, verificou-se que

- dos que usam óculos de grau, 12 usam aparelho ortodôntico.
- a metade dos que usam óculos de grau não usa aparelho ortodôntico.
- 70% dos que usam aparelho ortodôntico não usam óculos de grau.

Com base nessas informações, pode-se afirmar que o número de jovens que não usam óculos de grau nem aparelho ortodôntico é igual a

a) 36

b) 48

c) 62

d) 70

e) 88

52. (Fuvest-SP)

A figura a seguir mostra o gráfico da função logaritmo na base **b**.

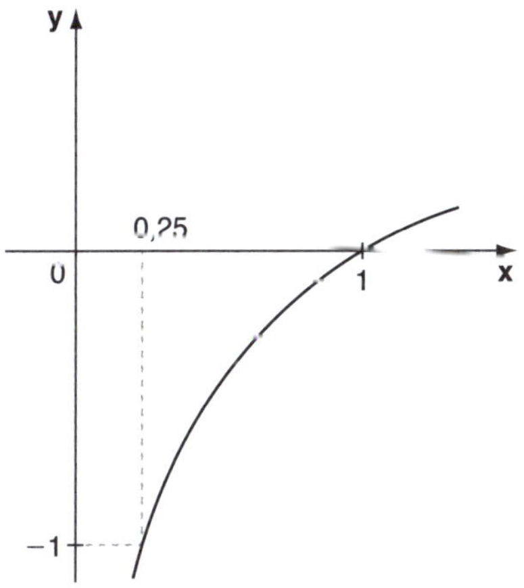

O valor de **b** é:

a) $\frac{1}{4}$.

b) 2.

c) 3.

d) 4.

e) 10.

53. (FMP-RJ)

Uma função f: ℝ → ℝ é tal que:

a) f(1) = f(5);

b) f(3) = 0;

c) f(x) ≤ 0 para todo valor de **x**.

Um gráfico que poderia ser aquele associado à função é

a) 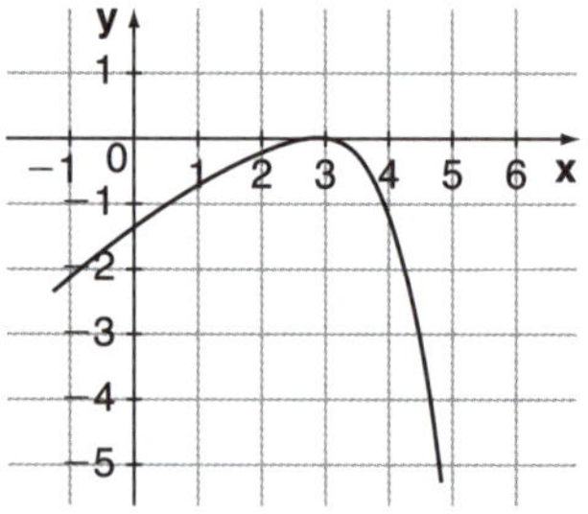

b) 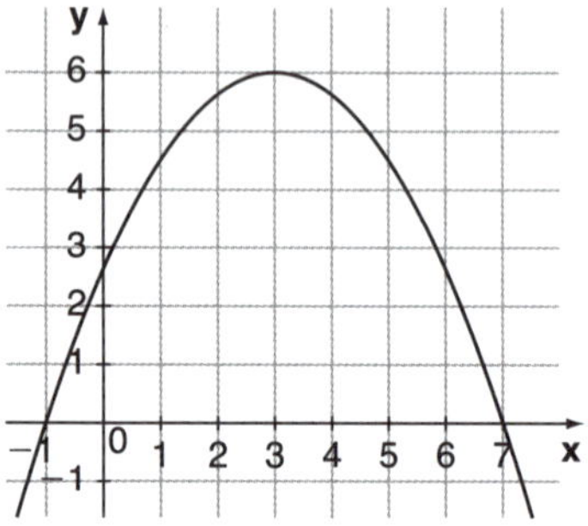

c) 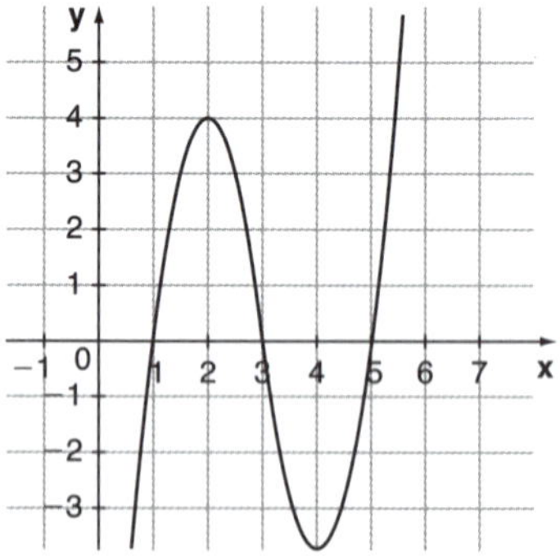

d) 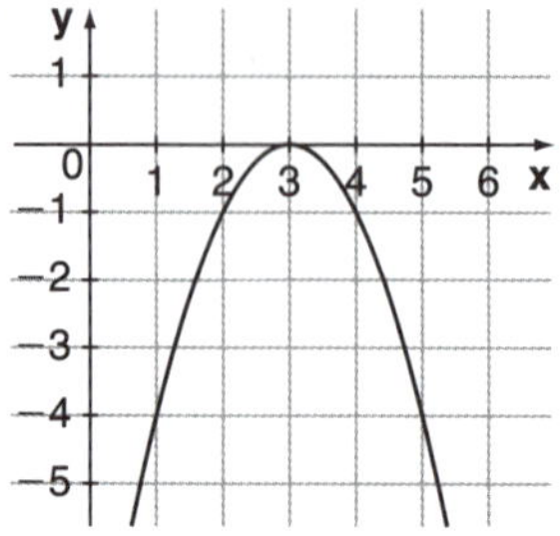

e) 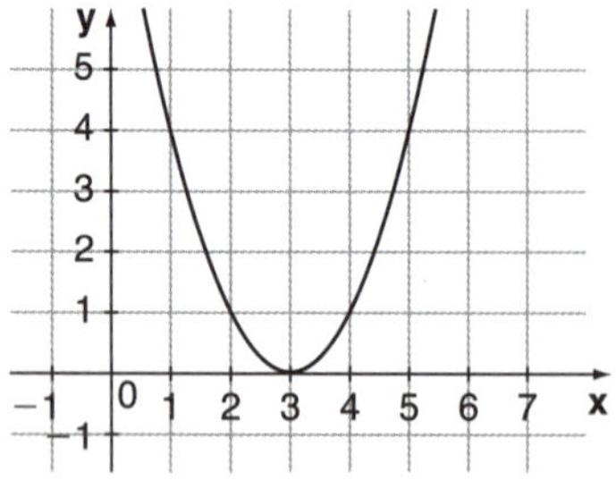

54. (Cesgranrio-RJ)

No gráfico a seguir, está representada a função do 1º grau f(x).

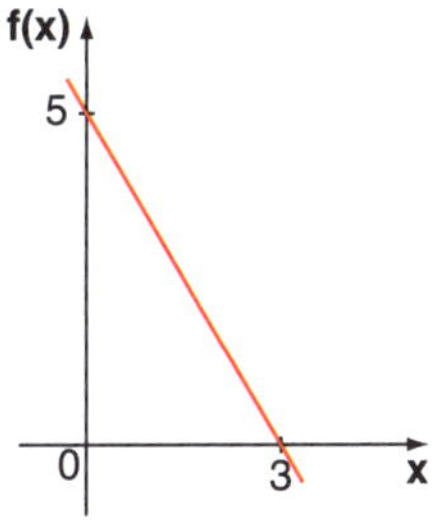

O gráfico que MELHOR representa $g(x) = |f(x)| - 1$ é:

a) 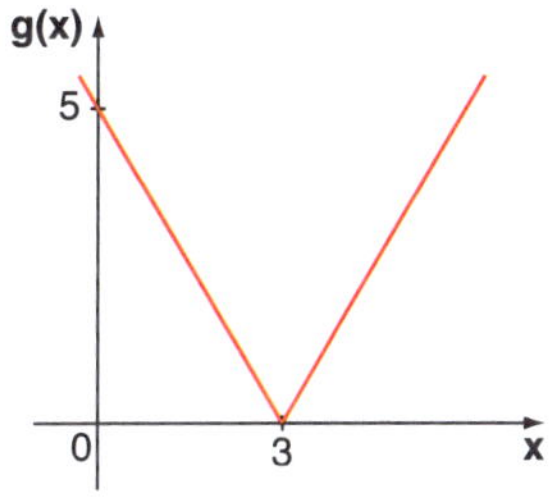

b) 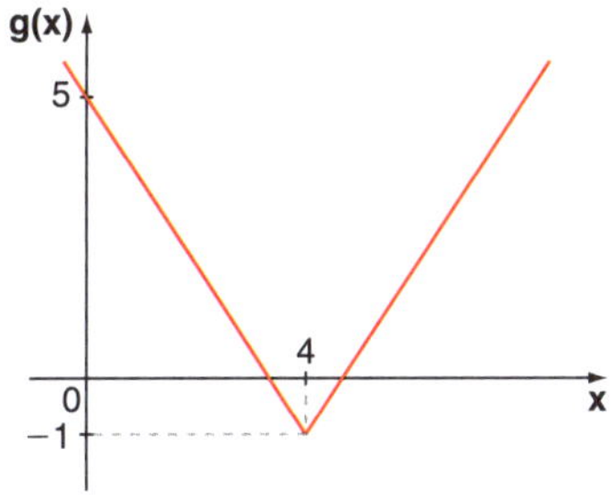

c) 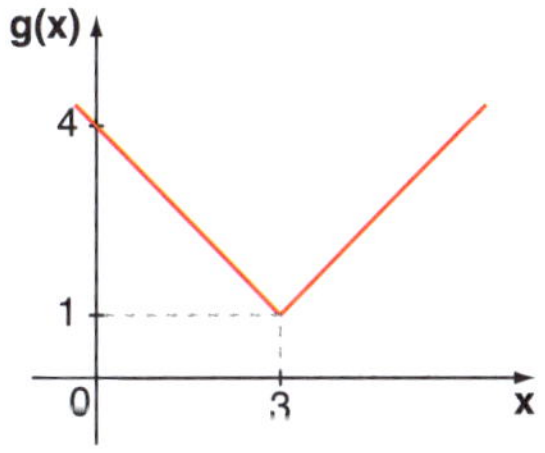

d) 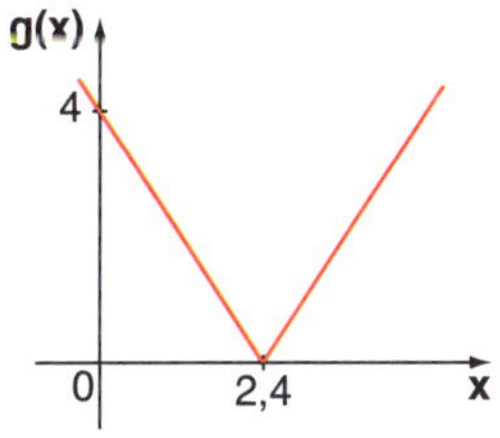

e) 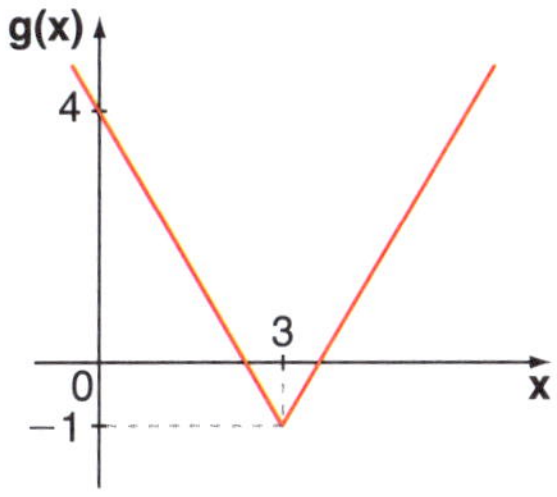

55. (IFSC)

Um curso de engenharia deseja saber a atual situação de seus alunos que cursam unidades curriculares até a terceira fase do curso. Para isso, organizou o diagrama da figura, sendo:

- **A** o conjunto de alunos que cursam pelo menos uma unidade curricular na primeira fase;
- **B** o conjunto de alunos que cursam pelo menos uma unidade curricular na segunda fase;
- **C** o conjunto de alunos que cursam pelo menos uma unidade curricular na terceira fase.

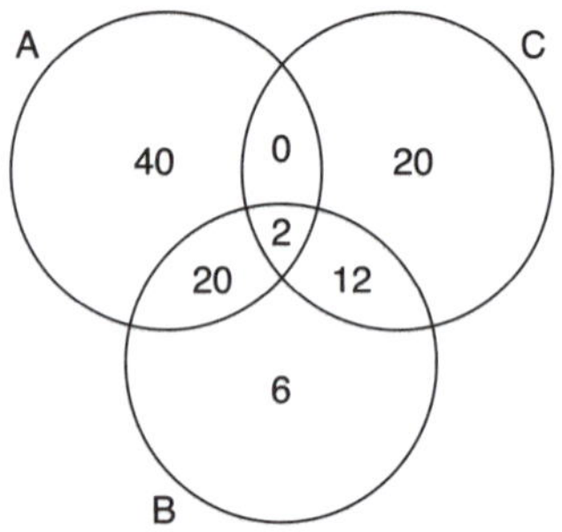

Reprodução/Arquivo da editora

diagrama

Com base na situação exposta no enunciado, assinale a soma da(s) proposição(ões) CORRETA(S).

01) $n[(A \cup B) \cap C] = 14$

02) $n[(A \cap C) \cup B] = 100$

04) $n[(B \cap C) \cup A] = 74$

08) $n[(A \cap B) \cup (B - C)] = 28$

16) $n[(A - B) \cap (C - A)] = 0$

56. (IFPE)

Nas aplicações financeiras feitas nos bancos são utilizados os juros compostos. A expressão para o cálculo é $C_F = C_0\,(1 + i)^T$ em que $\mathbf{C_F}$ é o montante, $\mathbf{C_0}$ é o capital, **i** é a taxa e **T** o tempo da aplicação. Como $\mathbf{C_F}$ depende de **T**, conhecidos $\mathbf{C_0}$ e **i**, temos uma aplicação do estudo de função exponencial. Um professor, ao deixar de trabalhar em uma instituição de ensino, recebeu uma indenização no valor de R$ 20 000,00. Ele fez uma aplicação financeira a uma taxa mensal (**i**) de 8%. Após **T** meses, esse professor recebeu um montante de R$ 43 200,00. Qual foi o tempo **T** que o dinheiro ficou aplicado?

Obs.: Use $\log(1{,}08) = 0{,}03$ e $\log(2{,}16) = 0{,}33$

a) 10

b) 11

c) 12

d) 13

e) 14

57. (UFG-GO)

Seja $\mathbb{R}$ o conjunto dos números reais.

Considere a função f: $\mathbb{R} \rightarrow \mathbb{R}$, definida por $f(x) = |1 - |x||$.

Assim, assinale se a afirmação é verdadeira ou falsa.

( ) $f(-4) = 5$.

( ) O valor mínimo de **f** é zero.

( ) **f** é crescente para **x** no intervalo [0,1].

( ) A equação $f(x) = 1$ possui três soluções reais distintas.

58. (PUC-SP)

Considere as funções $f(x) = \frac{x^2}{2} + b$ e $g(x) = x + k$, com **b** e **k**, números reais.

Sabendo que $f(g(-5)) = g(-2)$ e que $g(f(-2)) = 12$, o valor de $f(-4)$ é igual a

a) $g(g(0))$

b) $f(g(-3))$

c) $2 \cdot f(2)$

d) $5 + g(1)$

59. (Efomm-RJ)

Seja f: $\mathbb{R}^* \rightarrow \mathbb{R}$ uma função tal que $f(1) = 2$ e $f(xy) = -\frac{f(-y)}{x}$, $\forall x, y \in \mathbb{R}^*$. Então, o valor de $f\left(\frac{1}{2}\right)$ será

a) 5

b) 4

c) 3

d) 2

e) 1

60. (Ufes)

Sejam **f** e **g** as funções definidas para todo $x \in \mathbb{R}$ por $f(x) = x^2 - 4x + 4$ e $g(x) = |x - 1|$

a) Calcule $f(g(x))$ e $g(f(x))$.

b) Esboce os gráficos das funções compostas $f \circ g$ e $g \circ f$.

61. (Unitau-SP)

O domínio da função f(x) = raiz quadrada de $1 - \frac{|x-1|}{2}$ é:

a) $0 \leq x \leq 2$

b) $x \geq 2$

c) $x \leq 0$

d) $x < 0$

e) $x > 0$

62. (FGV-SP)

Observe o diagrama com 5 organizações intergovernamentais de integração sul-americana:

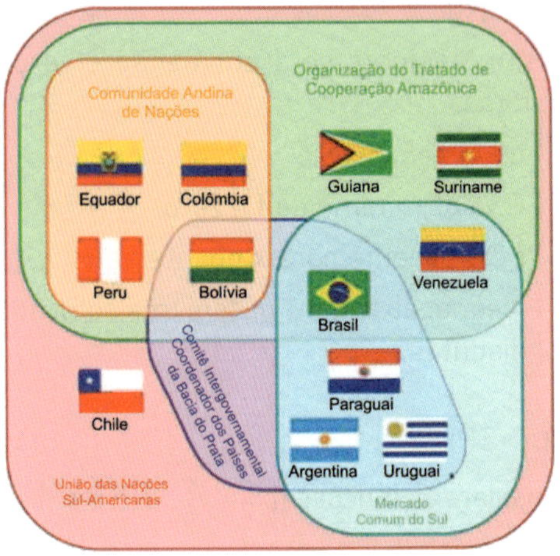

(wikipedia.org. Adaptado)

Dos 12 países que compõem esse diagrama, integram exatamente 3 das organizações apenas

a) 4.

b) 5.

c) 6.

d) 7.

e) 8.

63. (Uepa)

De acordo com a reportagem da Revista VEJA (edição 2341), é possível fazer gratuitamente curso de graduação pela Internet. Dentre os ofertados temos os cursos de Administração (bacharelado), Sistemas de Computação (Tecnólogo) e Pedagogia (licenciatura). Uma pesquisa realizada com 1800 jovens brasileiros sobre quais dos cursos ofertados gostariam de fazer, constatou que 800 optaram pelo curso de Administração; 600 optaram pelo curso de Sistemas de Computação; 500 optaram pelo curso de Pedagogia; 300 afirmaram que fariam Administração e Sistemas de Computação; 250 fariam Administração e Pedagogia; 150 fariam Sistemas de Computação e Pedagogia e 100 dos jovens entrevistados afirmaram que fariam os três cursos. Considerando os resultados dessa pesquisa, o número de jovens que não fariam nenhum dos cursos elencados é:

a) 150

b) 250

c) 350

d) 400

e) 500

64. (Epcar-MG)

Considere a função real $f(x) = \dfrac{1}{2x + 2}$, $x \neq -1$.

Se $f(-2 + a) + \dfrac{1}{5} = f(-a)$, então

$f\left(\dfrac{a}{2} - 1\right) + f(4 + a)$ é igual a

a) 1
b) 0,75
c) 0,5
d) 0,25

65. (Ufscar-SP)

Sejam as funções $f(x) = |x - 1|$ e $g(x) = (x^2 + 4x - 4)$.

a) Calcule as raízes de $f(g(x)) = 0$.
b) Esboce o gráfico de $f(g(x))$, indicando os pontos em que o gráfico intercepta o eixo cartesiano.

66. (ESPM-SP)

Considere os seguintes subconjuntos de alunos de uma escola:

A: alunos com mais de 18 anos

B: alunos com mais de 25 anos

C: alunos com menos de 20 anos

Assinale a alternativa com o diagrama que melhor representa esses conjuntos:

a)
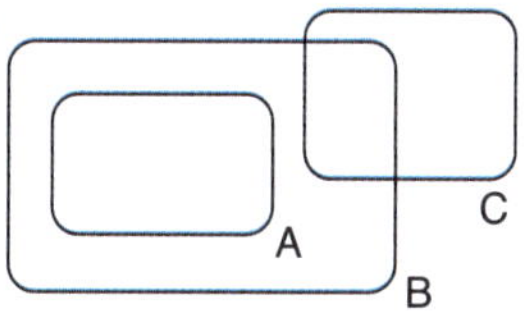

b)
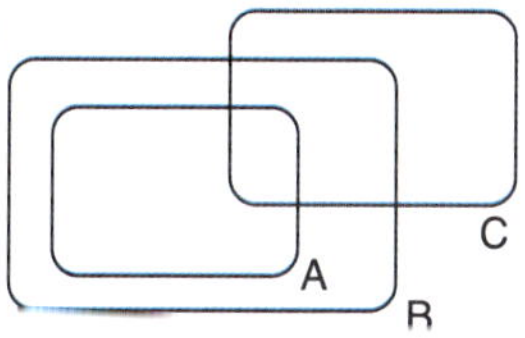

c)
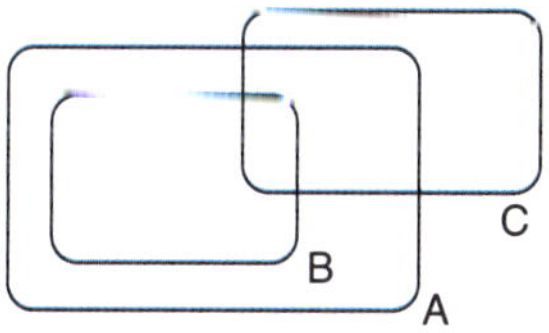

d)
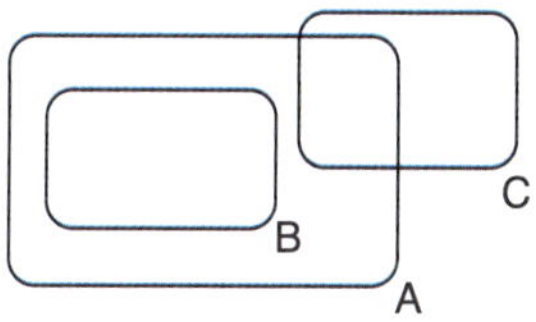

e)
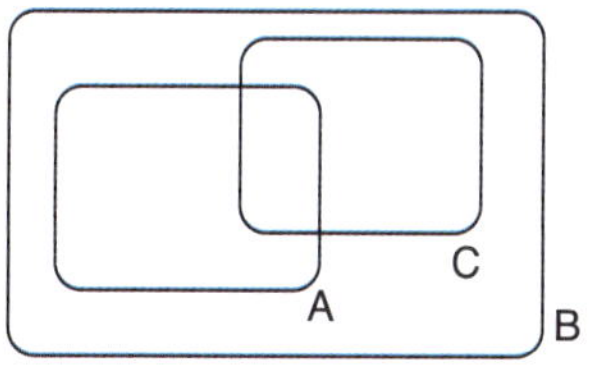

Ilustrações: Reprodução/ Arquivo da editora

67. (Fuvest-SP)

Sejam f: $\mathbb{R} \rightarrow \mathbb{R}$ e g: $\mathbb{R}^+ \rightarrow \mathbb{R}$ definidas por $f(x) = \frac{1}{2}5^x$ e $g(x) = \log_{10} x$, respectivamente.

O gráfico da função composta g ∘ f:

a)

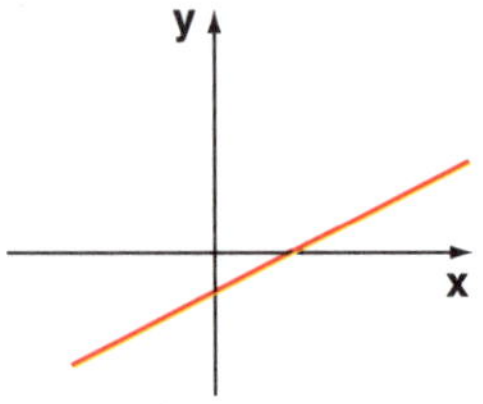

b)

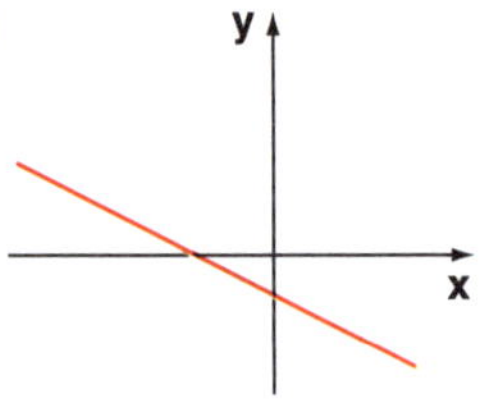

c)

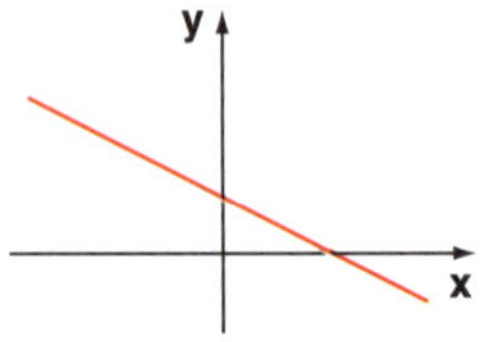

d)

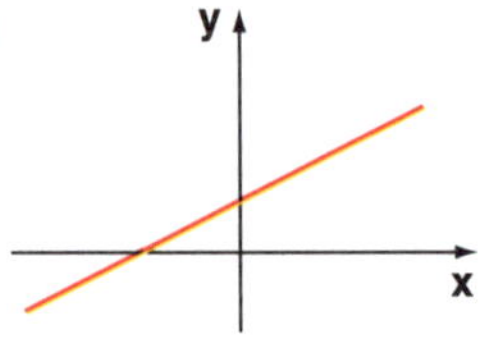

e)

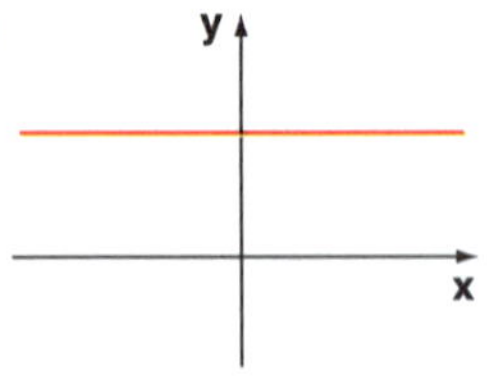

Ilustrações: Reprodução/ Arquivo da editora

68. (IFCE)

Na questão 38 de certo exame de seleção, foram fornecidos explicitamente os conjuntos **X**, **Y** e **Z**, e pedia-se que fosse marcada a alternativa na qual figurava o conjunto **W**, definido como na expressão abaixo.

$$W = X \cap Y \cup Z$$

Alguns candidatos perceberam a falta de parênteses na expressão e entraram com recurso contra a questão, alegando que a fórmula poderia ser interpretada de duas formas diferentes, mas o recurso foi indeferido, porque as duas formas de interpretar a fórmula, quando aplicadas corretamente, conduziam à mesma alternativa. Nessas condições, sobre os conjuntos **X**, **Y** e **Z** fornecidos nessa questão,

a) $X \subset Y$.
b) $X \subset Z$.
c) $Z \subset Y$.
d) $Z \subset X$.
e) $Y \subset Z$.

69. (UFCE)

Seja **f** uma função real de variável real cujo gráfico está representado adiante. Se $g(x) = 2 \cdot f(x) - 1$, assinale a alternativa cujo gráfico melhor representa $|g(x)|$.

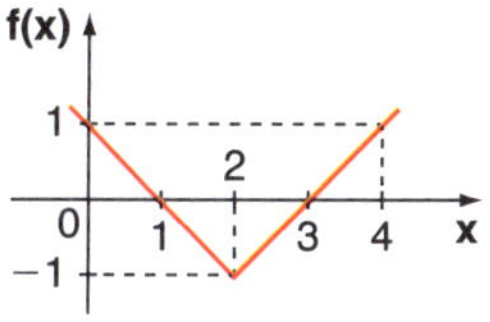

a) 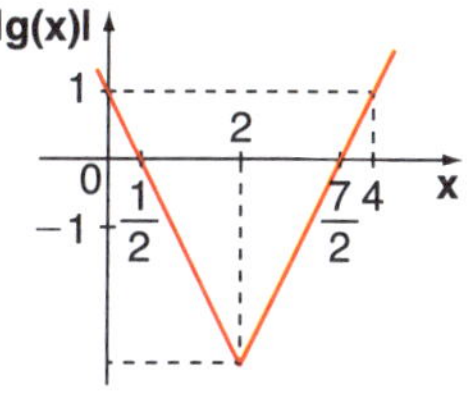

b) 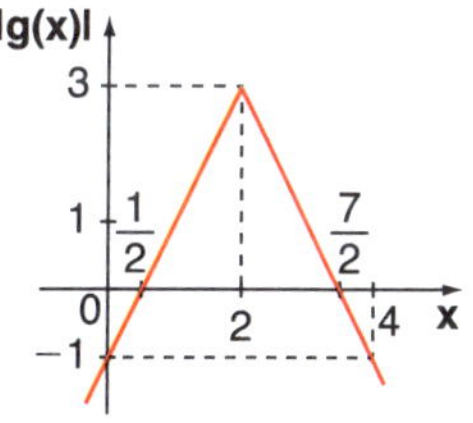

c) 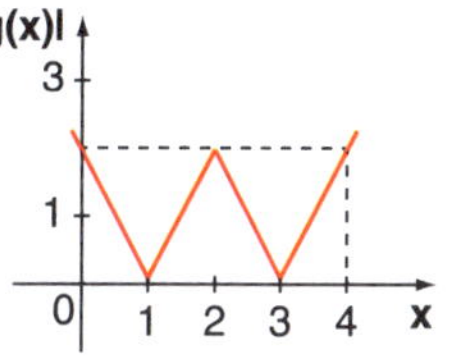

d) 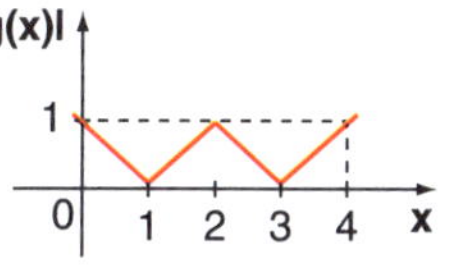

e) 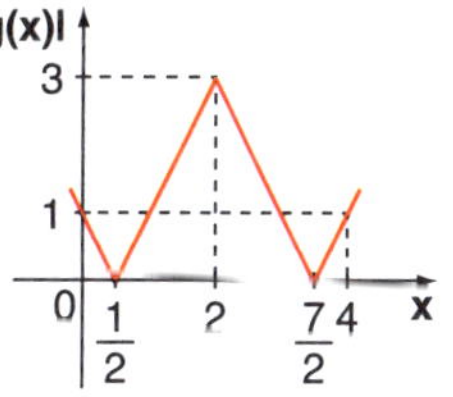

Ilustrações: Reprodução/ Arquivo da editora

70. (IFCE)

A diferença simétrica entre os conjuntos **X** e **Y**, nessa ordem, é o conjunto **X** Δ **Y**, cujos elementos são precisamente aqueles que estão em **X** e não estão em **Y**, e aqueles que estão em **Y** e não estão em **X**. Nessas condições, para que a diferença simétrica entre os conjuntos **X** e **Y**, nessa ordem, seja vazia, é necessário e suficiente que

a) **Y** seja subconjunto de **X**.

b) **X** e **Y** sejam iguais.

c) **X** e **Y** tenham a mesma quantidade de elementos.

d) **X** e **Y** sejam vazios.

e) **X** e **Y** sejam disjuntos.

71. (Unicamp-SP)

Seja a função h(x) definida para todo número real **x** por

$$h(x) = \begin{cases} 2^{x+1} \text{ se } x \leq 1, \\ \sqrt{x-1} \text{ se } x > 1. \end{cases}$$

Então, h(h(h(0))) é igual a

a) 0.

b) 2.

c) 4.

d) 8.

72. (Fuvest-SP)

Seja $m \geq 0$ um número real e sejam **f** e **g** funções reais definidas por $f(x) = x^2 - 2|x| + 1$ e $g(x) = mx + 2m$.

a) Esboçar, no plano cartesiano representado a seguir, os gráficos de **f** e de **g** quando $m = \frac{1}{4}$ e $m = 1$.

b) Determinar as raízes de $f(x) = g(x)$ quando $m = \frac{1}{2}$.

c) Determinar, em função de **m**, o número de raízes da equação $f(x) = g(x)$.

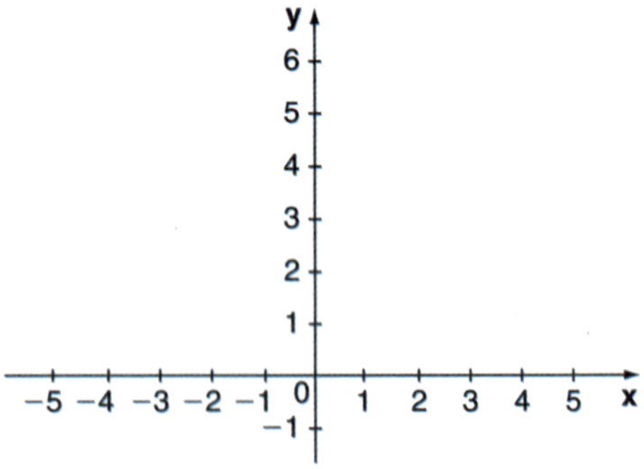

73. (Ifal)

De acordo com os conjuntos numéricos, analise as afirmativas abaixo:

I. Todo número natural é inteiro.

II. A soma de dois números irracionais é sempre irracional.

III. Todo número real é complexo.

IV. Todo número racional é inteiro.

São verdadeiras as afirmativas

a) I e II.

b) I e III.

c) I e IV.

d) II e III.

e) III e IV.

74. (Fuvest-SP)

Considere a função real definida por $f(x) = \sqrt{x - \frac{1}{x}} + \sqrt{1 - \frac{1}{x}} - x$.

a) Qual é o domínio de **f**?

b) Encontre o(s) valor(es) de **x** para o(s) qual(is) f(x) = 0.

75. (Enem)

A tabela apresenta parte do resultado de um espermograma (exame que analisa as condições físicas e composição do sêmen humano).

Espermograma

Características	Padrão	30/11/2009	23/03/2010	09/08/2011	23/08/2011	06/03/2012
Volume (mL)	2,0 a 5,0	2,5	2,5	2,0	4,0	2,0
Tempo de liquefação (min)	Até 60	35	50	60	59	70
pH	7,2 a 7,8	7,5	7,5	8,0	7,6	8,0
Espermatozoide (unidade/mL)	> 20 000 000	9 400 000	27 000 000	12 800 000	24 200 000	10 200 000
Leucócito (unidade/mL)	Até 1 000	2 800	1 000	1 000	900	1 400
Hemácia (unidade/mL)	Até 1 000	800	1 200	200	800	800

Para analisar o exame, deve-se comparar os resultados obtidos em diferentes datas com o valor-padrão de cada característica avaliada.

O paciente obteve um resultado dentro dos padrões no exame realizado no dia

a) 30/11/2009.
b) 23/03/2010.
c) 09/08/2011.
d) 23/08/2011.
e) 06/03/2012.

76. (EspcEx-SP)

Considerando a função real $f(x) = (x - 1) \cdot |x - 2|$, o intervalo real para o qual $f(x) \geqslant 2$ é:

a) $\{x \in \mathbb{R} | x \geqslant 3\}$
b) $\{x \in \mathbb{R} | x \leqslant 0 \text{ ou } x \geqslant 3\}$
c) $\{x \in \mathbb{R} | 1 \leqslant x \leqslant 2\}$
d) $\{x \in \mathbb{R} | x \geqslant 2\}$
e) $\{x \in \mathbb{R} | x \leqslant 1\}$

77. (IFPE)

Um técnico em administração, formado pelo IFPE Campus Paulista, trabalha numa empresa em que o faturamento e o custo dependem da quantidade **x** de peças produzidas. Sabendo que o lucro de uma empresa é dado pelo faturamento menos o custo e que, nessa empresa, o faturamento e o custo obedecem respectivamente às funções $f(x) = -x^2 + 3800x$ e $c(x) = 200x + 3200$, o número de peças que devem ser produzidas para que a empresa obtenha o lucro máximo é

a) 3200
b) 1600
c) 3600
d) 2000
e) 1800

78. (Enem)

Os consumidores **X**, **Y** e **Z** desejam trocar seus planos de internet móvel na tentativa de obterem um serviço de melhor qualidade. Após pesquisarem, escolheram uma operadora que oferece cinco planos para diferentes perfis, conforme apresentado no quadro.

Plano	Franquia	Preço mensal de assinatura	Preço por MB excedente
A	150 MB	R$ 29,90	R$ 0,40
B	250 MB	R$ 34,90	R$ 0,10
C	500 MB	R$ 59,90	R$ 0,10
D	2 GB	R$ 89,90	R$ 0,10
E	5 GB	R$ 119,90	R$ 0,10

Dado: 1 GB = 1024 MB

Em cada plano, o consumidor paga um valor fixo (preço mensal da assinatura) pela franquia contratada e um valor variável, que depende da quantidade de MB utilizado além da franquia. Considere que a velocidade máxima de acesso seja a mesma, independentemente do plano, que os consumos mensais de **X**, **Y** e **Z** são de 190 MB, 450 MB e 890 MB, respectivamente, e que cada um deles escolherá apenas um plano.

Com base nos dados do quadro, as escolhas dos planos com menores custos para os consumidores **X**, **Y** e **Z**, respectivamente, são

a) A, C e C.
b) A, B e D.
c) B, B e D.
d) B, C e C.
e) B, C e D.

79. (UFPA)

Um professor de Matemática Aplicada enviou a seguinte mensagem ao seu melhor aluno, um estudante chamado Nicéphoro, que gostava muito de desenhar e traçar gráficos:

Prezado Nicéphoro,

Estive analisando cuidadosamente aquele problema de Matemática e percebi que ele é regido por uma função pulso-unitário definida por

$$f(x)=\begin{cases}1, \text{ se } |x|\leq 1\\0, \text{ se } |x|>1\end{cases}$$

Trace, por favor, usando os seus conhecimentos, o gráfico desta função e o envie para mim.

Um abraço e saudações matemáticas.

Euclides Arquimedes

Nicéphoro traçou corretamente o gráfico da função acima e o enviou ao prof. Euclides Arquimedes.

O gráfico enviado foi:

a)

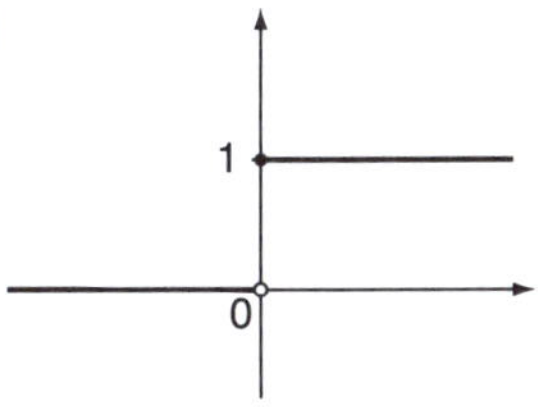

b)

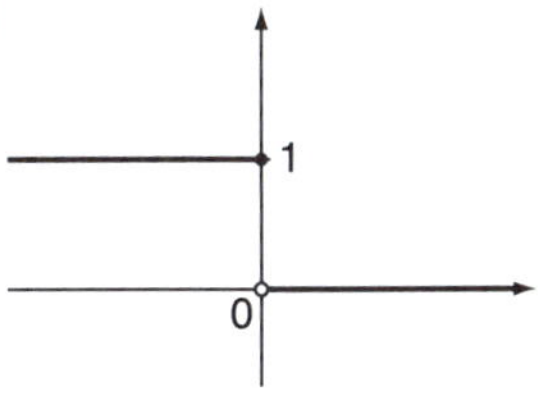

c)

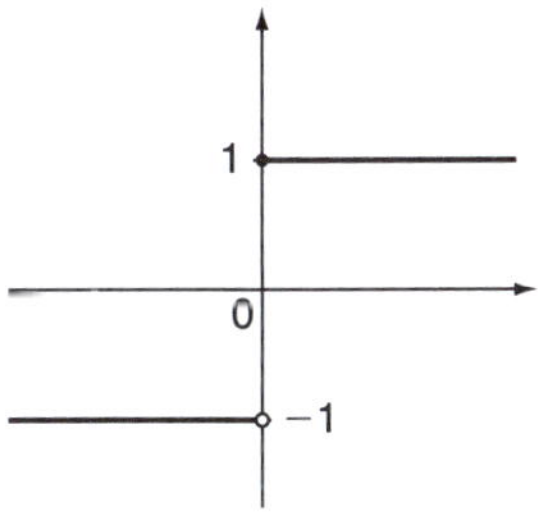

d)

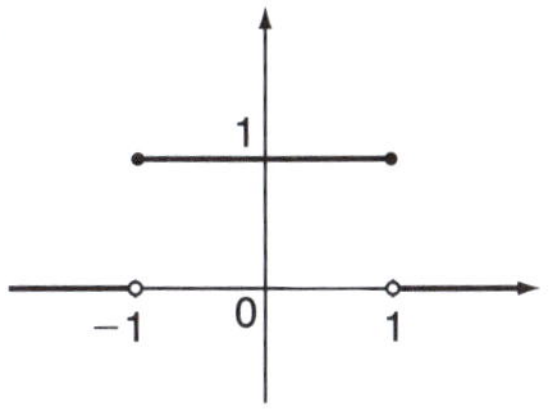

e)

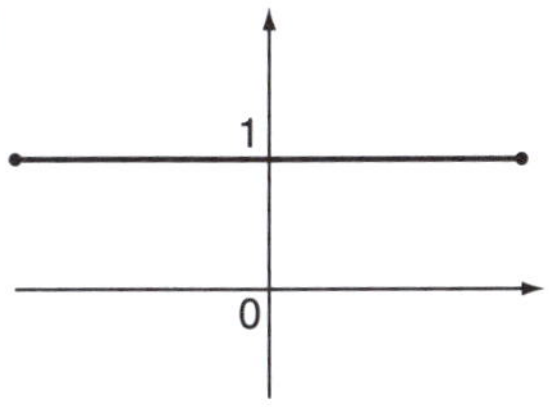

Ilustrações: Reprodução/ Arquivo da editora

80. (Fatec-SP)

Considere a sentença: para qualquer **x** pertencente ao conjunto **M** tem-se $x^2 > x$.

Assinale a alternativa que apresenta um possível conjunto **M**.

a) $\left\{-2;\ -\frac{1}{2};\ \frac{1}{2}\right\}$

b) $\left\{-\frac{1}{2};\ 0;\ 2\right\}$

c) $\left\{-2;\ -\frac{1}{2};\ 2\right\}$

d) $\{-1;\ 1;\ 2\}$

e) $\left\{0;\ \frac{1}{2};\ 1\right\}$

81. (Colégio Naval)

Dado que o número de elementos dos conjuntos **A** e **B** são, respectivamente, **p** e **q**, analise as sentenças que seguem sobre o número **N** de subconjuntos não vazios de $A \cup B$.

I. $N = 2^p + 2^q - 1$

II. $N = 2^{pq-1}$

III. $N = 2^{p+q} - 1$

IV. $N = 2^p - 1$, se a quantidade de elementos de $A \cap B$ é **p**.

Com isso, pode-se afirmar que a quantidade dessas afirmativas que são verdadeiras é:

a) 0 b) 1 c) 2 d) 3 e) 4

82. (UEL-PR)

Seja $f: \mathbb{R} \to \mathbb{R}$ dada por $f(x) = |x^2| + |x|$. O gráfico da função $g: \mathbb{R} \to \mathbb{R}$, definida por $g(x) = -f(x + 1)$ é:

a)

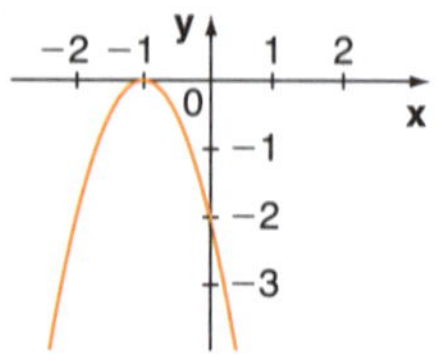

b)

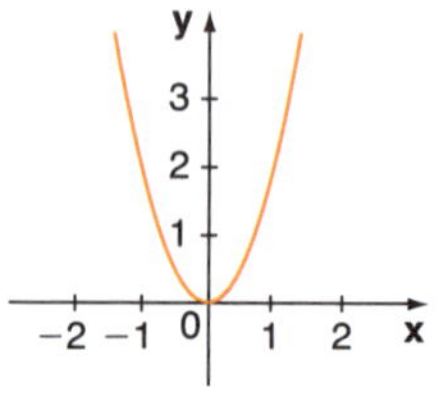

c)

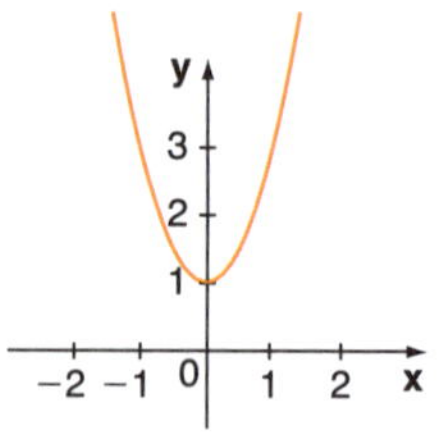

d)

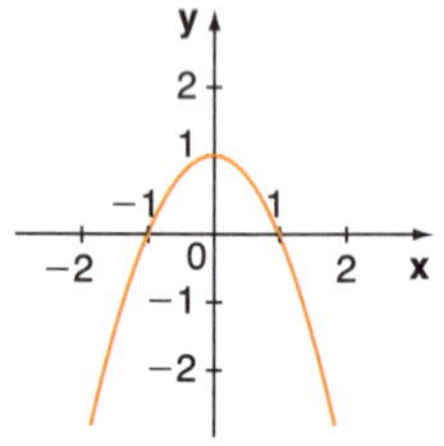

e)

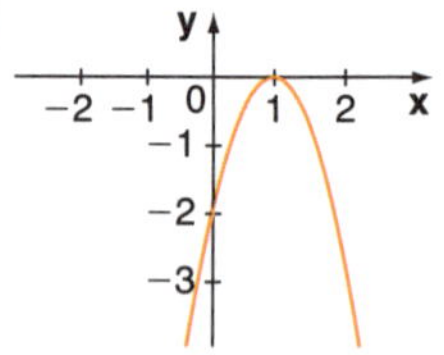

Ilustrações: Reprodução/ Arquivo da editora

83. (UEG-GO)

Se colocarmos os números reais $-\sqrt{5}$ 1, $-\dfrac{3}{5}$ e $\dfrac{3}{8}$ em ordem decrescente, teremos a sequência

a) $\dfrac{3}{8}, 1, -\dfrac{3}{5}, -\sqrt{5}$

b) $\dfrac{3}{8}, 1, -\sqrt{5} -\dfrac{3}{5}$

c) $1, \dfrac{3}{8}, -\dfrac{3}{5}, -\sqrt{5}$

d) $1, \dfrac{3}{8}, -\sqrt{5} -\dfrac{3}{5}$

84. (Unesp-SP)

Admita que um imposto sobre a renda mensal bruta fosse cobrado da seguinte forma:

Renda mensal bruta (R)	Taxa de imposto sobre a renda mensal bruta (T)
Até R$ 2000,00	Isento
Acima de R$ 2000,00 e até R$ 5000,00	10%
Acima de R$ 5000,00 e até R$ 8000,00	15%
Acima de R$ 8000,00	25%

Nos planos cartesianos abaixo:

- esboce o gráfico de **T** (em %) em função de **R** (em milhares de reais);
- esboce o gráfico do imposto mensal cobrado **C** (em centenas de reais) em função da renda mensal bruta **R** (em milhares de reais) no intervalo de **R** que vai de R$ 0,00 a R$ 8000,00.

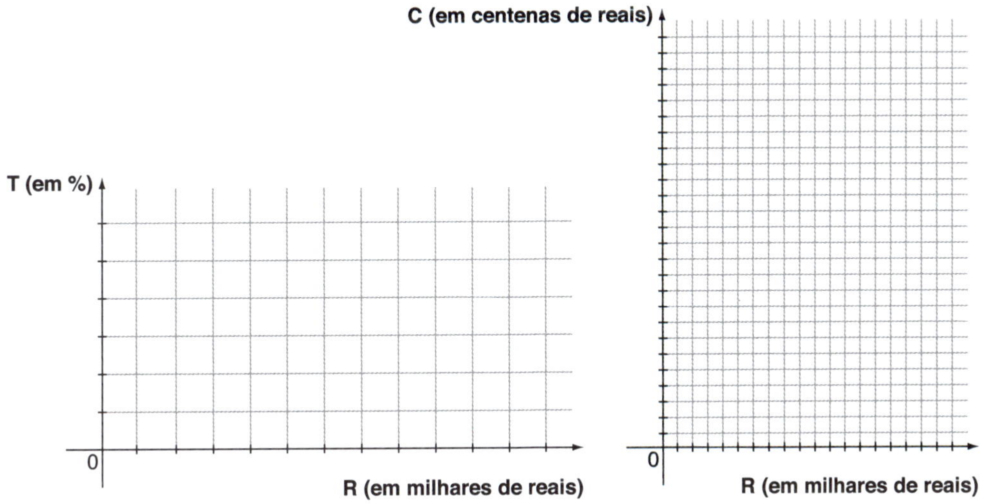

85. (Unicamp-SP)

Sabe-se que a reta $r(x) = mx + 2$ intercepta o gráfico da função $y = |x|$ em dois pontos distintos, **A** e **B**.

a) Determine os possíveis valores para **m**.

b) Se **O** é a origem dos eixos cartesianos, encontre o valor de **m** que faz com que a área do triângulo OAB seja mínima.

86. (UEL-PR)

O gráfico da função $f: [-2, 2] \to \mathbb{R}$ está traçado na figura seguinte.

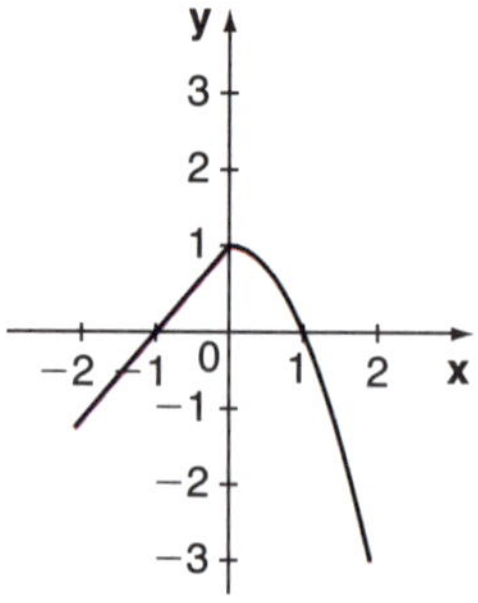

e seja $g: \mathbb{R} \to \mathbb{R}$ uma função definida por

$$g(x) = \begin{cases} |x| \text{ se } x \leq 1 \\ x + 1 \text{ se } x > 1 \end{cases}$$

O gráfico que representa a função $g \circ f: [-2, 2] \to \mathbb{R}$ é:

a)

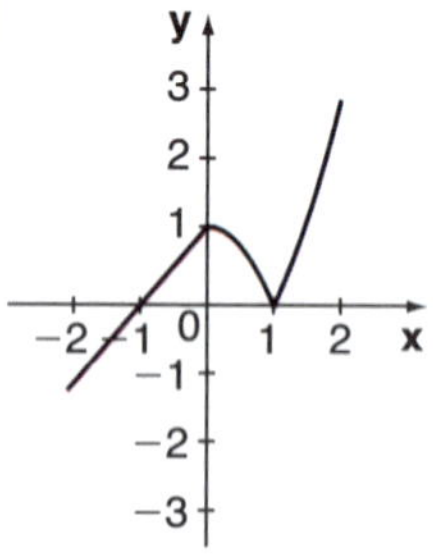

b)

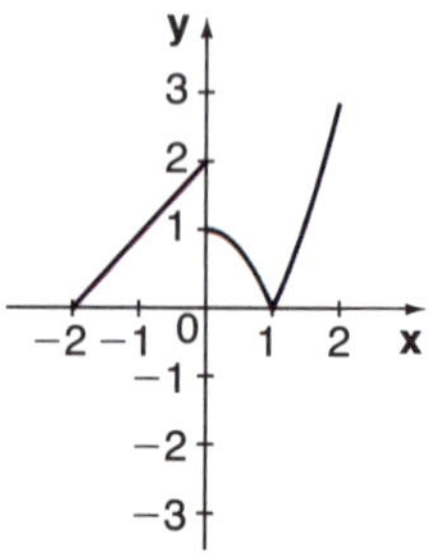

c)

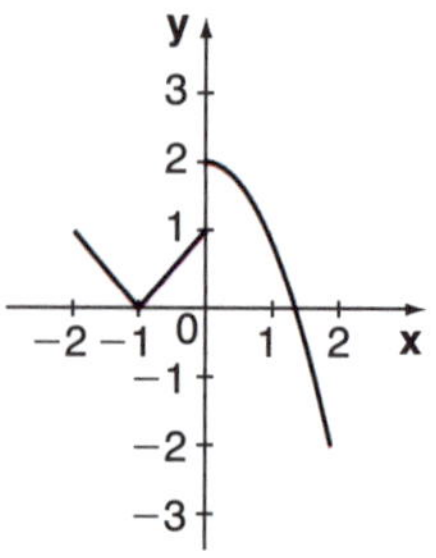

d)

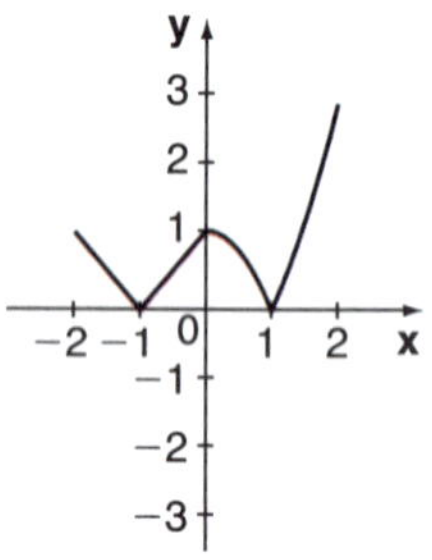

e)

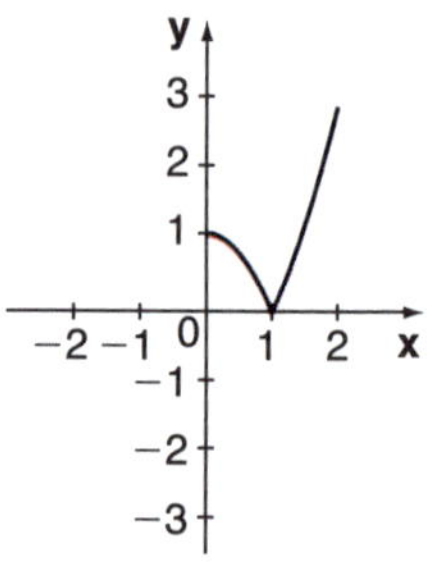

87. (UFJF-MG)

A diferença entre o maior e o menor valor de **x** na equação exponencial

$$25^{\left(\frac{x^2}{2}+4x-15\right)} = \frac{1}{125^{(-3x+6)}}$$ é igual a:

a) 1

b) 7

c) $\frac{1}{2}$

d) $\frac{7}{2}$

e) $\frac{-3}{2}$

88. (UEM-PR)

Considere os conjuntos

$A = \{x \in \mathbb{R} \mid -\sqrt{3} \leq x < 5\}$,

$B = \{x \in \mathbb{R} \mid x > 0\}$,

$C = \{x \in \mathbb{R} \mid -1 < x \leq 8\}$ e

$D = \{x \in \mathbb{R} \mid 1 < x < 9\}$

e assinale o que for **correto**.

01) $(A \cup D) - (A \cap D) = [-3, 0]$.

02) $(B \cap C) - D =]0, 1]$.

04) $(C \cup D) \cap B =]0, 9[$.

08) $(B \cap D) \subset C$.

16) $\mathbb{R} - B =]-\infty, 0[$.

89. (UPF-RS)

Observe a figura:

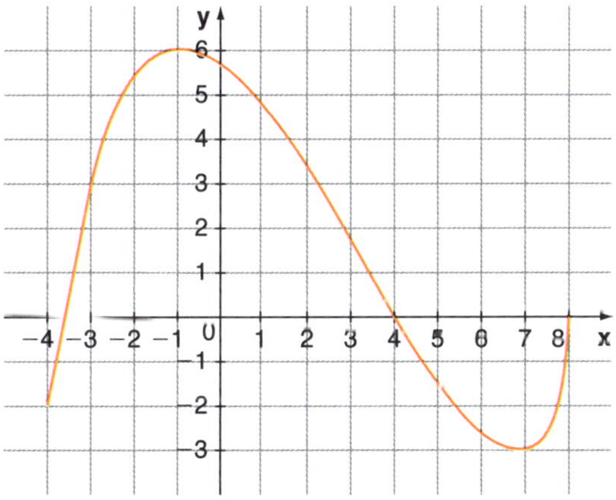

Ela representa o gráfico da função $y = f(x)$, que está definida no intervalo $[-4, 8]$. A respeito dessa função, é **correto** afirmar que

a) $f(3) > f(1)$.

b) $f(f(2)) > 2$.

c) $\text{Im}(f) = [-2, 6]$.

d) $f(x) = 0$, para $x = 8$.

e) O conjunto $\{-4 \leq x \leq 8 \mid f(x) = -1{,}2\}$ tem exatamente 2 elementos.

90. (PUC-SP)

Sejam **A**, **B** e **C** subconjuntos do conjunto dos números naturais $\mathbb{N} = \{0, 1, 2, 3, 4, ...\}$, de modo que:

- **A** é o conjunto dos números de 3 algarismos, todos distintos.
- **B** é o conjunto dos números que possuem exatamente 1 algarismo 5.
- **C** é o conjunto dos números pares.

E sejam os conjuntos:

$P = A \cap C$

$Q = A^C \cap B^C$

$R = B \cup B^C$

onde a notação X^C indica o conjunto complementar do conjunto **X**.

São elementos respectivos dos conjuntos **P**, **Q** e **R** os números

a) 204, 555, 550

b) 972, 1 234, 500

c) 1 234, 505, 5 555

d) 204, 115, 550

91. (Mack-SP)

Se **f** e **g** são funções reais definidas por $f(x) = \sqrt{x}$ e $g(x) = \dfrac{x}{2x^2 - 5x + 2}$, então o domínio da função composta $f \circ g$ é o conjunto

a) $\left\{x \in \mathbb{R} \,\middle|\, 0 \leqslant x \leqslant \frac{1}{2} \text{ ou } x \geqslant 2\right\}$

b) $\left\{x \in \mathbb{R} \,\middle|\, 0 \leqslant x < \frac{1}{2} \text{ ou } x > 2\right\}$

c) $\left\{x \in \mathbb{R} \,\middle|\, 0 < x < \frac{1}{2} \text{ ou } x > 2\right\}$

d) $\left\{x \in \mathbb{R} \,\middle|\, x < \frac{1}{2} \text{ ou } x > 2\right\}$

e) $\left\{x \in \mathbb{R} \,\middle|\, x \leqslant \frac{1}{2} \text{ ou } x \geqslant 2\right\}$

92. (UEG-GO)

Sabendo-se que o gráfico da função y = f(x) é

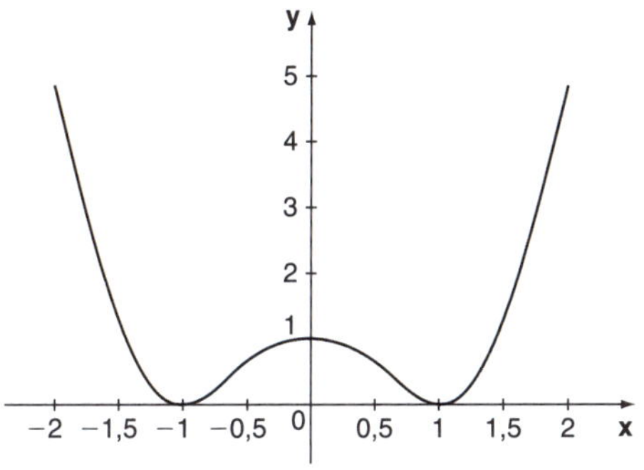

Ilustrações: Reprodução/Arquivo da editora

o gráfico que melhor representa a função y = 3f(x − 3) é

a)

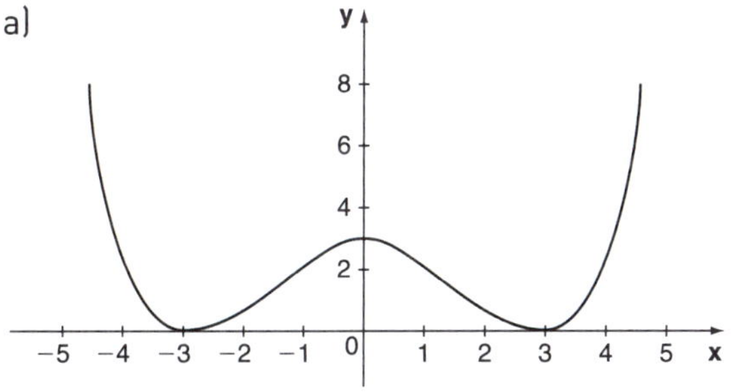

b)

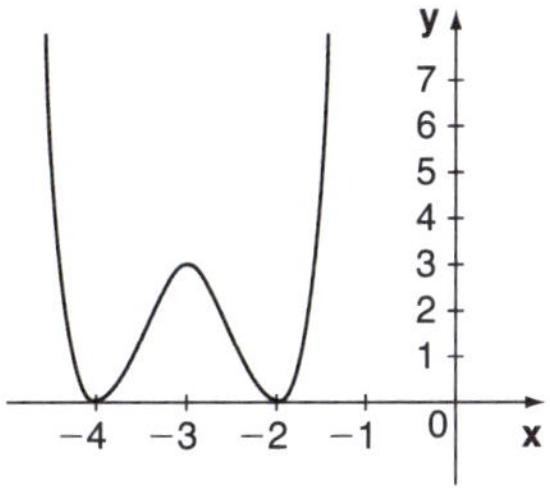

c)

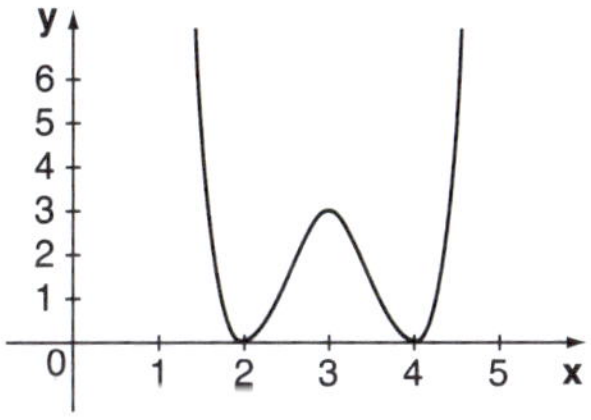

d)

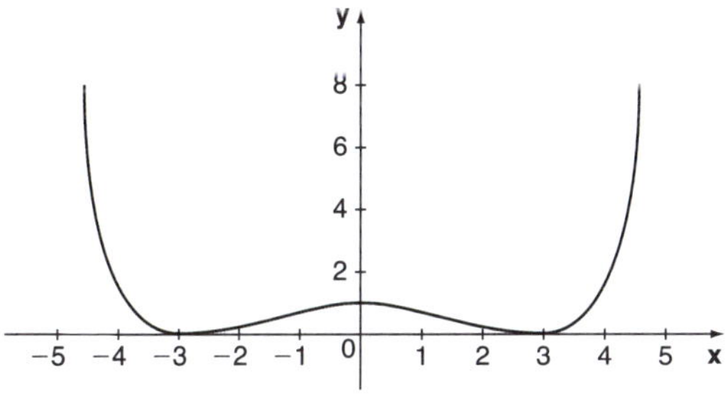

e)

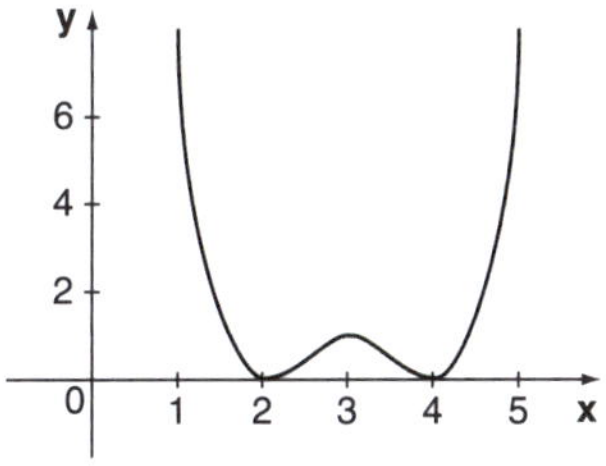

93. (UFSC)

Em relação às proposições abaixo, é correto afirmar que:

01) Com 45 metros quadrados de lajotas é possível fazer, sem perdas, uma moldura de 1,5 m de largura em volta de uma piscina cujas dimensões são 8 m de comprimento por 4 m de largura.

02) O conjunto solução da inequação $\frac{2x+1}{4x-1} < 1$ no conjunto $\mathbb{R}$ é $S = \{x \in \mathbb{R} \mid x < 1\}$.

04) Considere a operação $a \oplus b = a + b + 2ab$ definida para **a** e **b** reais, então o conjunto solução da equação $(1 \oplus 3) \oplus x = 220$, no conjunto $\mathbb{R}$, é $S = \{22\}$.

08) Devido à crise econômica, o dono de um restaurante observou que, com o preço do "prato feito" a R$ 21,00, ele servia 600 refeições por dia e que, para cada real de redução no preço, ele servia 100 refeições a mais. Com base nesses dados, é correto afirmar que o preço do "prato feito" deve ser de R$ 13,50 para que a receita do restaurante seja máxima.

16) Sendo $f(x) = 6x - 1$ e $(f \circ g)(x) = 30x + 29$, então $g(-1) = 0$.

94. (ESPM-SP)

Três emissoras de TV apresentam programação infantil durante o dia. Na emissora **A** o horário dessa programação vai de 11h40min até 18h30min. Na emissora **B** vai de 9h30min até 16h40min e na emissora **C** vai de 10h50min até 13h20min e de 14h50min até 17h10min. O tempo em que as três emissoras apresentam essa programação simultaneamente é de:

a) 3h20min
b) 3h30min
c) 3h40min
d) 3h50min
e) 4h

95. (PUC-SP)

Um número é chamado "perfeito" se ele for igual à soma de seus divisores, excluindo ele mesmo.

> Se $S = 2^n - 1$ é um número primo, então o número $P = 2^{n-1} \cdot S$ será um número "perfeito".
>
> Fonte: A Magia dos Números/ Paul Karlson. (Adaptado)

Sabendo que o número 496 é um número "perfeito", os valores de **n** e **S** são, respectivamente

a) 5 e 31.
b) 5 e 29.
c) 3 e 29.
d) 3 e 31.

96. (UEM-PR)

Considere as funções $f: A \to \mathbb{R}$ e $g: B \to \mathbb{R}$, sendo **A** o maior subconjunto de $\mathbb{R}$ onde $f(x) = \dfrac{x-2}{\sqrt{x}}$ está definida, e **B** o maior subconjunto de $\mathbb{R}$ onde $g(x) = \cos(x)$ está definida.

A partir desses dados, assinale o que for **correto**.

01) O único valor real onde **f** não está definida é 0.

02) O número real −1 pertence à imagem de **f**.

04) É possível definir $g \circ f$ em todo domínio de **f**.

08) A inversa f^{-1}: Im(f) → Dom(f) é dada por $f^{-1}(x) = \dfrac{2}{y^2 - 1}$.

16) A composta $f \circ g$ não está definida para pontos da forma $2k\pi$ com $k \in \mathbb{Z}$.

97. (Enem)

Um funcionário da Secretaria do Meio Ambiente de um município resolve apresentar ao prefeito um plano de priorização para a limpeza das lagoas da cidade. Para a execução desse plano, o prefeito decide voltar suas ações, primeiramente, para aquela lagoa que tiver o maior coeficiente de impacto, o qual é definido como o produto entre o nível de contaminação médio por mercúrio em peixes e o tamanho da população ribeirinha. O quadro mostra as lagoas do município e suas correspondentes informações.

Lagoa	Contaminação média por mercúrio em peixes (miligrama)	Tamanho da população ribeirinha (habitante)
Antiga	2,1	1 522
Bela	3,4	2 508
Delícia	42,9	2 476
Salgada	53,9	2 455
Vermelha	61,4	145

A primeira lagoa que sofrerá a intervenção planejada será a

a) Antiga.
b) Bela.
c) Delícia.
d) Salgada.
e) Vermelha.

98. (Enem)

Um estudante se cadastrou numa rede social na internet que exibe o índice de popularidade do usuário. Esse índice é a razão entre o número de admiradores do usuário e o número de pessoas que visitam seu perfil na rede. Ao acessar seu perfil hoje, o estudante descobriu que seu índice de popularidade é 0,3121212... . O índice revela que as quantidades relativas de admiradores do estudante e pessoas que visitam seu perfil são:

a) 103 em cada 330.

b) 104 em cada 333.

c) 104 em cada 3333.

d) 139 em cada 330.

e) 1039 em cada 3330.

99. (UEM-PR)

Considere as seguintes funções reais:

$f(x) = ax + b,\ a,\ b \in \mathbb{R}$

$g(x) = \dfrac{1}{x - c},\ c \in \mathbb{R}, x \neq c$

$h(x) = (x - d)(x - e),\ d, e \in \mathbb{R}$

Assinale a(s) alternativa(s) **correta(s)**.

01) **f** é uma função crescente.

02) Os números **d** e **e** são os zeros da função **h**.

04) Se $d < 0$ e $e < 0$, então o gráfico da função **h** é uma parábola cuja concavidade é voltada para baixo.

08) Se $a = 1$ e $b = 0$, então $(g \circ f)(x) = g(x)$.

16) Se $a \neq 0$ e $b \neq 0$, então a função **f** é invertível e sua inversa é dada por $f^{-1}(x) = \dfrac{1}{ax + b}$.

100. (Epcar-MG)

De acordo com o senso comum, parece que a juventude tem gosto por aventuras radicais. Os alunos do CPCAR não fogem dessa condição.

Durante as últimas férias, um grupo desses alunos se reuniu para ir a São Paulo com o objetivo de saltar de "*Bungee Jumping*" da Ponte Octávio Frias de Oliveira, geralmente chamada de "Ponte Estaiada".

Em uma publicação na rede social de um desses saltos, eles, querendo impressionar, colocaram algumas medidas fictícias da aproximação do saltador em relação ao solo. Considere que a trajetória que o saltador descreve possa ser modelada por uma função polinomial do 2º grau $f(x) = ax^2 + bx + c$, cujo eixo das abscissas coincida com a reta da Av. Nações Unidas e o eixo das ordenadas contenha o "ponto mais próximo da Avenida", indicados na figura.

Considere, também, as medidas informadas.

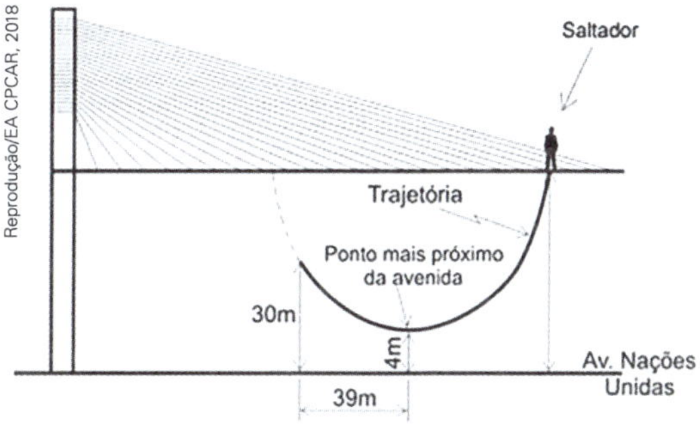

O coeficiente de x^2 da função com as características sugeridas é igual a

a) $\frac{22}{1521}$

b) $\frac{2}{117}$

c) $\frac{13}{1521}$

d) $\frac{13}{117}$

101. (UFPA)

Um estudante, ao construir uma pipa, deparou-se com o seguinte problema: possuía uma vareta de miriti com 80 centímetros de comprimento que deveria ser dividida em três varetas menores, duas necessariamente com o mesmo comprimento **x**, que será a largura da pipa, e outra de comprimento **y**, que determinará a altura da pipa. A pipa deverá ter formato pentagonal, como na figura a seguir, de modo que a altura da região retangular seja $\frac{1}{4}y$, enquanto a da triangular seja $\frac{3}{4}y$. Para garantir maior captação de vento, ele necessita que a área da superfície da pipa seja a maior possível.

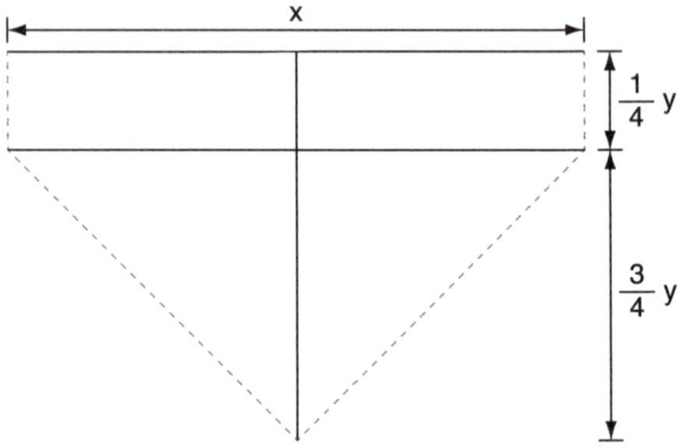

Reprodução/Arquivo da editora

A pipa de maior área que pode ser construída, nessas condições, possui área igual a

a) 350 cm^2

b) 400 cm^2

c) 450 cm^2

d) 500 cm^2

e) 550 cm^2

102. (Cefet-MG)

Sejam os conjuntos $A = \{x \in \mathbb{R} \mid 0 < x \leq 5\}$, $B = \{x \in \mathbb{R} \mid x \geq -5\}$ e $C = \{x \in \mathbb{R} \mid x \leq 0\}$. Pode-se afirmar que

a) $(A - B) \cup C = C$

b) $(A - C) \cap B = \varnothing$

c) $(B \cup C) \cap A = \mathbb{R}$

d) $(B \cap C) \cap A = A$

103. (FGV-SP)

Como resultado de um processo ganho na justiça, Hélio deveria ter recebido, no início de 2006, a quantia de R$ 4 000,00 da empresa Alfa. No mesmo período (início de 2006), Hélio devia R$ 1 000,00 em sua fatura de cartão de crédito. Nenhuma dessas quantias foi quitada à época.

Para atualizar (corrigir) valores monetários ao longo do tempo, pode-se utilizar o regime de capitalização de juros compostos. É válida a seguinte relação matemática:

$M = C \cdot (1 + i)^n$, em que **M** é o montante; **C** é o capital; **i** é a taxa de juros e **n** é o número de períodos de capitalização. Por exemplo, aplicando-se o capital de R$ 1 000,00 à taxa de 5,00% ao mês, por um mês, obtém-se o montante de R$ 1 050,00.

A tabela abaixo contém valores para o termo $(1 + i)^n$, para **i** e **n** selecionados.

n (meses)

i(% meses)	1	12	108	120	132
1,00	1,0100	1,1268	2,9289	3,3004	3,7190
2,00	1,0200	1,2682	8,4883	10,7652	13,6528
3,00	1,0300	1,4258	24,3456	34,7110	49,4886
4,00	1,0400	1,6010	69,1195	110,6626	177,1743
5,00	1,0500	1,7959	194,2872	348,9120	626,5958

Utilize as informações do enunciado para responder às seguintes questões:

a) Suponha que a taxa de juro utilizada para atualizar o valor que Hélio tem a receber da empresa Alfa seja igual a 1,00% ao mês. Qual será o valor que a empresa Alfa deverá pagar a Hélio no início de 2016, ou seja, após exatos 10 anos?

b) Suponha que a taxa de juro utilizada para atualizar a dívida da fatura de cartão de crédito seja igual a 4,00% ao mês. No início de 2016, ou seja, após exatos 10 anos, qual é o valor atualizado dessa dívida de Hélio?

c) Suponha que Hélio receba da empresa Alfa, no início de 2016, o valor devido. Quanto, no máximo, poderia ter sido a dívida de Hélio em sua fatura de cartão de crédito, em valores do início de 2006, de forma que ele pudesse quitá-la, no início de 2016, com o valor recebido da empresa Alfa?

Nota: taxa de juro utilizada para atualizar:

- o valor recebido por Hélio da empresa Alfa: 1,00% ao mês.
- a dívida da fatura de cartão de crédito: 4,00% ao mês.

104. (Cefet-MG)

Para executar uma reforma em uma loja, foram contratados **n** operários. O mestre de obras argumentou: "para entregar a obra 2 dias antes do prazo previsto, seria necessário contratar mais 3 operários; se, entretanto, 2 operários fossem dispensados a obra atrasaria em 2 dias." Considerando que os operários trabalhem da mesma forma, o número **n** de operários contratados foi

a) 6.

b) 12.

c) 18.

d) 24.

105. (EsPCEx-SP)

A sequência $(a_1, a_2, ..., a_{10})$, onde $a_1 = \frac{3}{2}$, $a_2 = \frac{5}{2}$, $a_3 = \frac{9}{2}$, ..., $a_{10} = \frac{1025}{2}$ é de tal forma que para cada $n \in \{1, 2, ..., 10\}$ temos que $a_n = b_n + c_n$, onde $(b_1, b_2, ..., b_{10})$ é uma P.G. com $b_1 \neq 0$ e de razão $q \neq \pm 1$ e $(c_1, c_2, ..., c_{10})$ é uma P.A. constante.

Podemos afirmar que $a_1 + a_2 + ... + a_{10}$ é igual a

a) 98

b) 172

c) 260

d) 516

e) 1 028

106. (Cefet-RJ)

Seja uma função real que tem o gráfico abaixo, onde $y = f(x)$. Por exemplo, para $x = 4$, **y** assume o valor 6, como no ponto destacado.

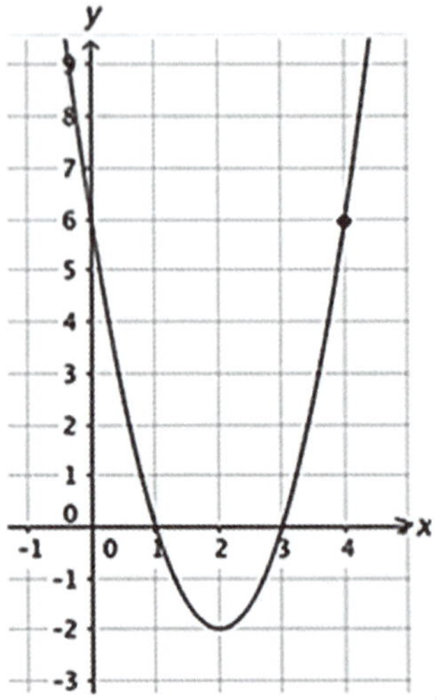

Determine **x**, de modo que a expressão $|y| + 5$ tenha valor mínimo.

107. (PUC-RJ)

Sejam g_0, g_1: $\mathbb{R} \rightarrow \mathbb{R}$ as seguintes funções:

$$g_0(x) = \frac{|x + 2| - |x - 2|}{2}$$

$$g_1(x) = \frac{g_0(4x + 6) + g_0(4x - 6)}{2}$$

a) Faça o esboço do gráfico de $\mathbf{g}_0$.

b) Faça o esboço do gráfico de $\mathbf{g}_1$.

c) Resolva a inequação $g_1(x) \leqslant \frac{x}{2}$.

108. (UEM-PR)

Considere os seguintes subconjuntos de $\mathbb{R}$:

$A = \{a \mid \mathbf{a} \text{ é primo}\}$

$B = \{b \mid b = 2n + 1, m \in \mathbb{Z}\}$

$C = \left\{c \;\middle|\; c = \frac{p}{q}, p, q \in \mathbb{Z}, q \neq 0\right\}$

Assinale a(s) alternativa(s) correta(s).

01) $A \subset B$.

02) Se b_1 e $b_2 \in B$, então $(b_1 + b_2) \in B$.

04) O conjunto complementar de **B** em relação ao conjunto $\mathbb{Z}$ é $D = \{d \mid d = 2n, n \in \mathbb{Z}\}$.

08) Se $C' \subset C$ é o conjunto dos números $\frac{p}{q}$, tal que $p = q \cdot n$, $n \in \mathbb{Z}$, então $C' = \mathbb{Z}$.

16) $\frac{\sqrt{2}}{2} \in C$.

109. (Fuvest-SP)

O preço de uma mercadoria subiu 25%. Calcule a porcentagem de que se deve reduzir seu preço atual para que volte a custar o que custava antes do aumento.

110. (Cesgranrio-RJ)

Em uma progressão aritmética, o termo de ordem **n** é a_n: $a_8 - a_7 = 3$ e $a_7 + a_8 = -1$. Nessa progressão, a_{15} vale:

a) 26

b) −22

c) 22

d) −13

e) 13

111. (UFU-MG)

A Secretaria de Saúde de um determinado Estado brasileiro necessita enviar 640 estojos de vacinas para **N** regiões distintas. Após avaliar as demandas de cada uma dessas regiões a serem atendidas, estabeleceu-se o seguinte esquema de envio:

- para a região 1 serão enviados **x** estojos;
- para a região 2 serão enviados **x** estojos;
- para a região 3 serão enviados 2x estojos;
- para a região 4 serão enviados 4x estojos;

e esse padrão se repete nas demais regiões, ou seja, serão enviados tantos estojos a uma região quanto for a soma dos que já foram enviados às regiões anteriores. O valor de **x** deve ser tal que **N** é o maior possível e exatamente todos os estojos sejam distribuídos.

Nas condições apresentadas, é igual a $N \cdot x$

a) 35
b) 30
c) 40
d) 45

112. (FGV-SP)

Um capital aplicado a juros compostos a uma certa taxa anual de juros dobra a cada 7 anos. Se, hoje, o montante é R$ 250 000,00, o capital aplicado há 28 anos é um valor cuja soma dos algarismos vale

a) 20
b) 17
c) 19
d) 21
e) 18

113. (FGV-RJ)

Uma vela, com 25 cm de altura, é fabricada de tal modo que, ao ser acesa, ela derrete o primeiro centímetro em 30 segundos, o segundo centímetro em 60 segundos, o terceiro centímetro em 90 segundos, e assim sucessivamente, gastando sempre 30 segundos a mais para derreter o próximo centímetro do que gastou para derreter o centímetro anterior.

Calcule o tempo total, em horas, minutos e segundos, necessário para que a vela derreta toda após ser acesa.

114. (Uema)

Numa plantação tomada por uma praga de gafanhotos, foi constatada a existência de 885 735 gafanhotos. Para dizimar esta praga, foi utilizado um produto químico em uma técnica, cujo resultado foi de 5 gafanhotos infectados, que morreram logo no 1º dia. Ao morrerem, já haviam infectado outros gafanhotos. Dessa forma, no 1º dia, morreram 5 gafanhotos; no 2º dia, morreram mais 10; no 3º dia, mais 30; e assim sucessivamente.

Verificando o número de mortes acumulado, determine em quantos dias a praga de gafanhotos foi dizimada.

115. (Uerj)

Um esqueitista treina em três rampas planas de mesmo comprimento **a**, mas com inclinações diferentes. As figuras abaixo representam as trajetórias retilíneas AB = CD = EF contidas nas retas de maior declive de cada rampa.

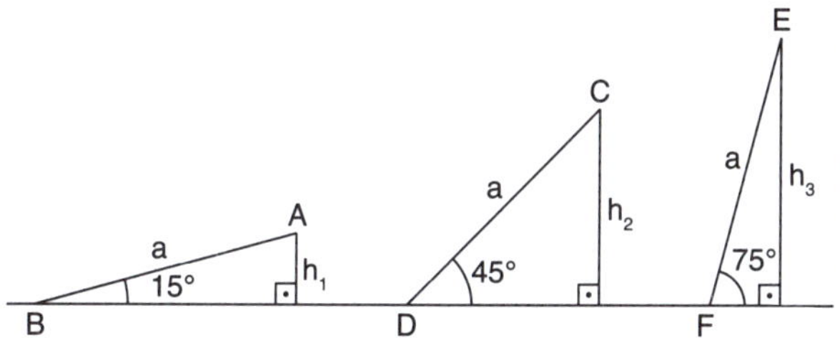

Sabendo que as alturas, em metros, dos pontos de partida **A**, **C** e **E** são, respectivamente, $\mathbf{h_1}$, $\mathbf{h_2}$ e $\mathbf{h_3}$, conclui-se que $h_1 + h_2$ é igual a:

a) $h_3\sqrt{3}$ b) $h_3\sqrt{2}$ c) $2h_3$ d) h_3

116. (Acate-SC)

Dentre os carros que mais desvalorizam, os carros de luxo são os que mais sofrem depreciação. Na compra de um carro de luxo no valor de R$ 120 000,00, o consumidor sabe que o modelo adquirido sofre uma desvalorização de 10% ao ano, isto é, o carro tem, a cada instante, um valor menor do que o valor que tinha um ano antes.

Para que o carro perca 70% do seu valor inicial, é necessário que se passe entre:

(Use $\log_3 = 0,477$)

a) 9 e 10 anos.

b) 12 e 13 anos.

c) 10 e 11 anos.

d) 11 e 12 anos.

117. (Mack-SP)

Se f(n), com $n \in \mathbb{N}$ é uma sequência definida por $f(0) = 1$ e $f(n + 1) = f(n) + 3$, então f(200) é igual a:

a) 597

b) 600

c) 601

d) 604

e) 607

118. (Uece)

As medidas, em metro, dos comprimentos dos lados de um triângulo formam uma progressão aritmética cuja razão é igual a 1. Se a medida de um dos ângulos internos deste triângulo é 120°, então, seu perímetro é

a) 5,5.

b) 8,5.

c) 6,5.

d) 7,5.

119. (FGV-SP)

A evolução mensal do número de sócios de uma revista de Matemática durante o ano de 2015 está expressa pela função:

$$f(x) = \begin{cases} 100 - x(x - 4), \text{ se } 1 \leqslant x \leqslant 4 \\ 100, \text{ se } 4 < x \leqslant 9 \\ 100 + (x - 9) \cdot (x - 12), \text{ se } 9 < x \leqslant 12 \end{cases}$$

em que $x = 1$ representa janeiro de 2015, $x = 2$ representa fevereiro de 2015, e assim por diante.

a) Faça um esboço do gráfico da função. Qual foi o maior número de sócios nesse período?

b) Qual foi a média aritmética do número de sócios nos doze meses de 2015?

120. (Universitas-MG)

O terceiro termo de uma sequência geométrica é 10, e o sexto termo é 80. Então, a razão é:

a) 1

b) −1

c) 3

d) 2

TEXTO PARA A PRÓXIMA QUESTÃO

Potencialmente, os portos da região Norte podem ser os canais de escoamento para toda a produção de grãos que ocorre acima do paralelo 16 Sul, onde estão situados gigantes do agronegócio. Investimentos em logística e a construção de novos terminais portuários privados irão aumentar consideravelmente o número de toneladas de grãos embarcados anualmente.

121. (UEA-AM)

Observe as informações.

Movimentação

10,8 milhões de toneladas foram embarcados pelos portos da região Norte na safra 2011/2012, segundo estudo elaborado pela Confederação Nacional da Indústria (CNI).

50 milhões de toneladas é quanto poderá ser embarcado em 2020, ainda de acordo com o estudo.

(O Estado de S. Paulo, 10.07.2013. Adaptado)

Admita que, na previsão elaborada pela CNI, os números que indicam as toneladas de grãos embarcadas anualmente estejam em Progressão Aritmética crescente de razão **r**, na qual o primeiro termo é o número de toneladas embarcadas em 2012, e o último, o número de toneladas previstas para 2020. Nessas condições, prevê-se que a quantidade total de grãos embarcados, de 2012 a 2020, será, em milhões de toneladas, igual a

a) 254,6.
b) 273,6.
c) 290,2.
d) 268,4.
e) 243,2.

122. (Efomm-RJ)

Determine a imagem da função **f**, definida por $f(x) = ||x + 2| - |x - 2||$, para todo $x \in \mathbb{R}$, conjunto dos números reais.

a) $Im(f) = \mathbb{R}$
b) $Im(f) = \{y \in \mathbb{R} \mid y \geq 0\}$.
c) $Im(f) = \{y \in \mathbb{R} \mid 0 \leq y \leq 4\}$.
d) $Im(f) = \{y \in \mathbb{R} \mid y \leq 4\}$.
e) $Im(f) = \{y \in \mathbb{R} \mid y > 0\}$.

123. (ITA-SP)

Sejam $A = \{1, 2, 3, 4, 5\}$ e $B = \{-1, -2, -3, -4, -5\}$. Se $C = \{xy \mid x \in A \text{ e } y \in B\}$, então o número de elementos de **C** é

a) 10.
b) 11.
c) 12.
d) 13.
e) 14.

124. (UEFS-BA)

Em uma mesma semana, a cotação do dólar, em relação ao real, sofreu grande variação: na quarta-feira, o valor do dólar subiu 10% em relação ao de segunda-feira e, na sexta-feira, baixou 5% em relação ao de quarta-feira.

Nessas condições, o aumento da cotação do dólar, na sexta-feira, em relação à segunda-feira, correspondeu a

a) 3,2%
b) 3,7%
c) 4,0%
d) 4,2%
e) 4,5%

125. (ITA-SP)

Sejam a, b, c, d $\in \mathbb{R}$. Suponha que **a**, **b**, **c**, **d** formem, nesta ordem, uma progressão geométrica e que a, $\frac{b}{2}$, $\frac{c}{4}$, d − 140 formem, nesta ordem, uma progressão aritmética. Então, o valor de d − b é

a) −140.
b) −120.
c) 0.
d) 120.
e) 140.

126. (UFJF-MG)

Considere dois triângulos ABC e DBC, de mesma base $\overline{BC}$, tais que **D** é um ponto interno ao triângulo ABC. A medida de $\overline{BC}$ é igual a 10 cm. Com relação aos ângulos internos desses triângulos, sabe-se que: $D\hat{B}C = B\hat{C}D$, $D\hat{C}A = 30°$, $D\hat{B}A = 40°$, $B\hat{A}C = 50°$.

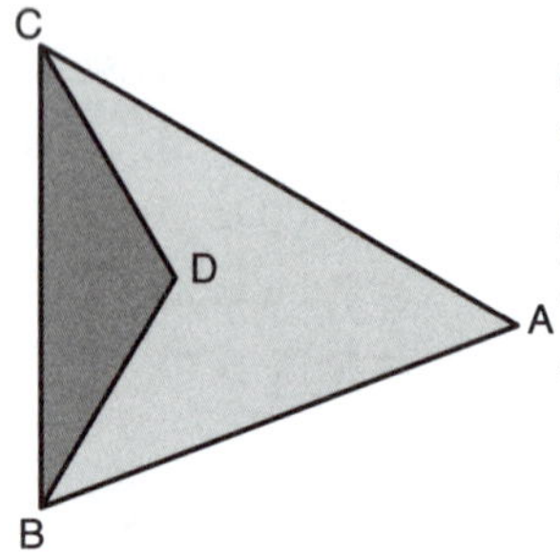

a) Encontre a medida do ângulo $B\hat{D}C$.
b) Calcule a medida do segmento $\overline{BD}$.
c) Admitindo-se tg (50°) $= \frac{6}{5}$, determine a medida do segmento $\overline{AC}$.

127. (Colégio Naval)

Dados os conjuntos A = (f, g, h, k), B = (g, h, k), C = (f, g) e sabendo que **X** é construído a partir das seguintes informações:

I. $X \subset A \cup B \cup C$.

II. $X \cap C = \{f\}$.

III. $B - X = \{g, h\}$.

Pode-se afirmar que:

a) $[(A - X) \cup C] - B = \{f, g\}$.

b) $[(X - A) \cap C] = \{f, g, k\}$.

c) $[(A - B) \cup X] - C = \{g, h\}$.

d) $[X \cap (A - B)] \cup C = \{g, h, k\}$.

e) $[(A - X) \cap (B - X)] = \{g, h\}$.

128. (FGV-SP)

Mauro iniciou um programa de perda de peso quando estava pesando 90 kg. A programação previa a perda de 1,6 kg na primeira semana, 1,5 kg na segunda, 1,4 kg na terceira, 1,3 kg na quarta, e assim sucessivamente até que a perda semanal de peso se estabilizasse em 0 kg, ocasião em que ele iniciaria o controle de manutenção do peso atingido. Sabe-se que o programa realizado por Mauro foi plenamente cumprido.

a) Considere o período que vai do início do regime até o final da última semana em que Mauro perdeu algum peso e calcule a média mensal de perda de peso desse período. Para isso, admita meses com 4 semanas.

b) Sendo **P** o peso de Mauro em quilogramas e **n** o número de semanas completas decorridas a partir do instante em que Mauro iniciou o programa de perda de peso, determine **P** em função de **n**, com **n** inteiro positivo.

129. (FGV-SP)

Um atleta corre sempre 500 m a mais do que no dia anterior. Sabendo-se que ao final de 15 dias ele correu um total de 67 500 m, o número de metros percorridos no terceiro dia foi:

a) 1 000

b) 1 500

c) 2 000

d) 2 500

e) 2 600

130. (Mack-SP)

Na figura a seguir, a medida **x** vale:

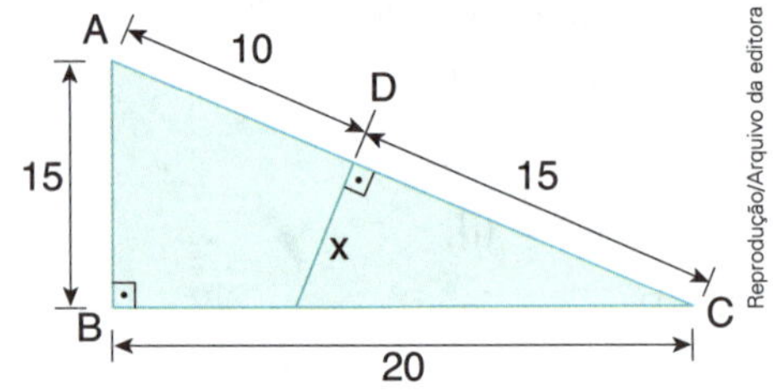

a) 12,75
b) 12,25
c) 11,75
d) 11,25
e) 11

131. (UGF-RJ)

Um fazendeiro resolveu arborizar sua fazenda. Deu instruções aos empregados para fazerem o serviço da seguinte forma: no primeiro dia plantarem 3 mudas de árvore; no segundo dia, 7 mudas; no terceiro, 11, e assim sucessivamente. No final do décimo quinto dia, o número total de árvores plantadas será de:

a) 450
b) 455
c) 460
d) 465
e) 470

132. (ESPM-SP)

Um tecido tem, em sua composição, 30% de poliéster e 70% de algodão. Numa dada época, o custo do kg de algodão era o dobro do kg do poliéster. Sabendo-se que os preços do poliéster e do algodão sofreram reajustes de 10% e 40%, respectivamente, esses aumentos fizeram com que o custo do tecido tivesse um aumento de:

a) 32,8%
b) 34,7%
c) 33,2%
d) 35,1%
e) 36,5%

133. (EsPCEx-SP)

João e Maria iniciam juntos uma corrida, partindo de um mesmo ponto. João corre uniformemente 8 km por hora e Maria corre 6 km na primeira hora e acelera o passo de modo a correr mais $\frac{1}{2}$ km cada hora que se segue. Assinale a alternativa correspondente ao número de horas corridas para que Maria alcance João.

a) 3
b) 5
c) 9
d) 10
e) 11

134. (Uniaraxá-MG)

A soma dos 30 primeiros termos da P.A. (2; 5; ...) é:

a) 1 825
b) 1 365
c) 300
d) 180
e) 90

135. (ITA-SP)

Considere as funções f_1, f_2, f: $\mathbb{R} \to \mathbb{R}$, sendo $f_1(x) = \frac{1}{2}|x| + 3$, $f_2(x) = \frac{3}{2}|x + 1|$ e f(x) igual ao maior valor entre $f_1(x)$ e $f_2(x)$, para cada $x \in \mathbb{R}$. Determine:

a) Todos os $x \in \mathbb{R}$ tais que $f_1(x) = f_2(x)$.

b) O menor valor assumido pela função **f**.

c) Todas as soluções da equação f(x) = 5.

136. (Epcar-SP)

Sejam os números reais:

- $a = \dfrac{\sqrt{(-1)^2} \cdot 0{,}1222...}{(1{,}2)^{-1}}$
- b = comprimento de uma circunferência de raio 1.
- $c = \sqrt{12} \cdot \sqrt{90} \cdot \sqrt{160} \cdot \sqrt{147}$

Sendo $\mathbb{N}$, $\mathbb{Z}$, $\mathbb{Q}$ e $\mathbb{R}$ os conjuntos numéricos, assinale a alternativa FALSA.

a) $\{a, c\} \subset \mathbb{Q}$

b) $c \in (\mathbb{Z} \cap \mathbb{N})$

c) $(\mathbb{R} - \mathbb{Q}) \supset \{b, c\}$

d) $\{a, c\} \subset (\mathbb{R} \cap \mathbb{Q})$

137. (Unirio-RJ)

Em uma cidade do interior, à noite, surgiu um objeto voador não identificado (óvni), em forma de disco, que estacionou a 50 m do solo, aproximadamente. Um helicóptero do Exército, situado a aproximadamente 30 m acima do objeto, iluminou-o com um holofote, conforme mostra a figura ao lado.

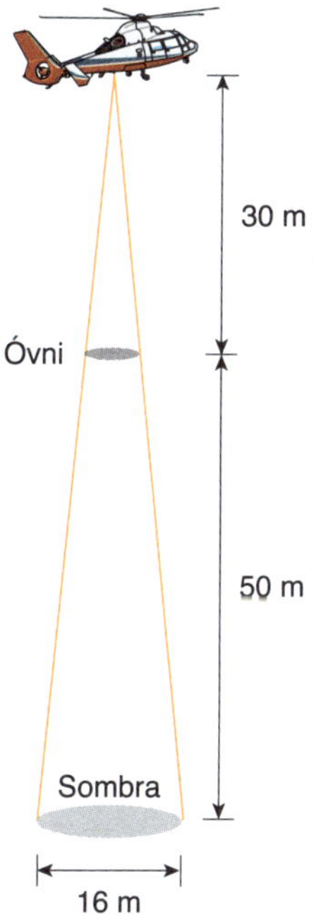

Reprodução/Arquivo da editora

Sendo assim, pode-se afirmar que o raio do objeto voador mede, em metros, aproximadamente:

a) 3,0

b) 3,5

c) 4,0

d) 4,5

e) 5,0

138. (UEPB)

Melhorando-se o nível de alimentação da população, condições sanitárias das casas e ruas, vacinação das crianças e pré-natal, é possível reduzir o índice de mortalidade infantil em determinada cidade. Considerando-se que o gráfico abaixo representa o número de crianças que foram a óbito a cada ano, durante dez anos, e que os pontos do gráfico são colineares, podemos afirmar corretamente que o total de crianças mortas nesse intervalo de tempo foi de:

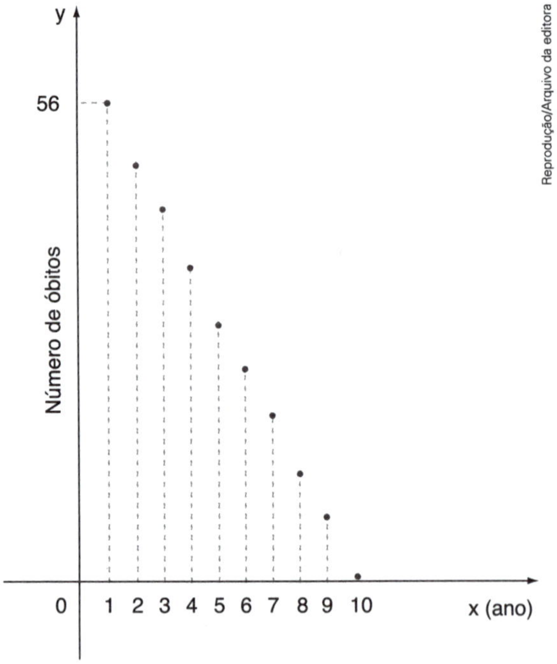

a) 224

b) 280

c) 324

d) 300

e) 240

139. (UEM-PR)

Considere as sequências $a_n = n^2 - 4n + 4$, $b_n = a_{n+1} - a_n$ e $c_n = b_{n+1} - b_n$, e assinale o que for **correto**.

01) $a_n > 0$ para todo $n \in \mathbb{N}$.

02) $b_n > 0$ para todo $n \in \mathbb{N}$.

04) $b_1 + b_2 + b_3 + ... + b_9 = 63$.

08) A sequência $b_{n+1} - b_n$ é uma progressão aritmética.

16) $c_n = 2$ para todo $n \in \mathbb{N}$.

140. (FGV-RJ)

Um comerciante comprou mercadorias para revendê-las. Ele deseja marcar essas mercadorias com preços tais que, ao dar descontos de 20% sobre os preços marcados, ele ainda obtenha um lucro de 25% sobre o preço de compra.

Em relação ao preço de compra, o preço marcado nas mercadorias é:

a) 30% maior.

b) 40% maior.

c) 45% maior.

d) 50% maior.

e) mais de 50% maior.

141. (UFSM-RS)

As doenças cardiovasculares são a principal causa de morte em todo mundo. De acordo com os dados da Organização Mundial da Saúde, 17,3 milhões de pessoas morreram em 2012, vítimas dessas doenças. A estimativa é que, em 2030, esse número seja de 23,6 milhões.

Suponha que a estimativa para 2030 seja atingida e considere ($\mathbf{a}_n$), $n \in \mathbb{N}$, a sequência que representa o número de mortes (em milhões de pessoas) por doenças cardiovasculares no mundo, com $n = 1$ correspondendo a 2012, com $n = 2$ correspondendo a 2013 e assim por diante.

Se ($\mathbf{a}_n$) é uma progressão aritmética, então o 8º termo dessa sequência, em milhões de pessoas, é igual a:

a) 19,59

b) 19,61

c) 19,75

d) 20,10

e) 20,45

142. (UFSJ-MG)

Sabendo que a soma do 2º, 3º e 4º termos de uma progressão geométrica (P.G.) é igual a 140 e que a soma dos 8º, 9º e 10º termos é 8 960, é correto afirmar que:

a) a razão dessa P.G. é 10.

b) seu primeiro termo é 14.

c) a razão dessa P.G. é 2.

d) o quinto termo dessa P.G. é 320.

143. (UPE)

No sistema cartesiano representado a seguir, têm-se os gráficos das funções reais **f** e **g**.

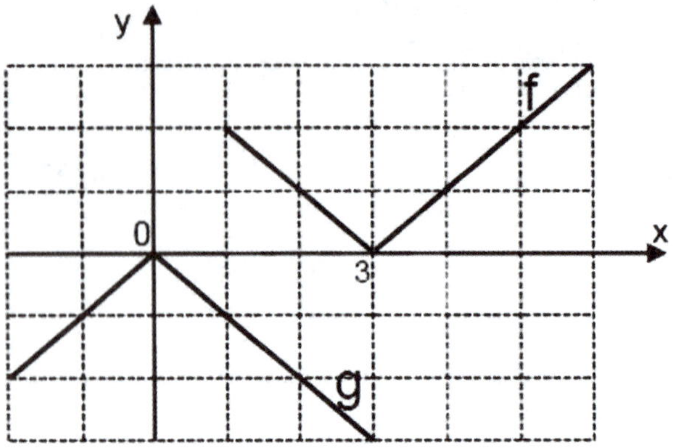

Qual das igualdades representa uma relação entre as duas funções?

a) $g(x) = f(x + 3)$

b) $g(x - 3) = f(x)$

c) $g(x) = f(-x - 3)$

d) $g(-x) = f(-x + 3)$

e) $g(3 - x) = -f(x)$

144. (ESPM-SP)

Na câmara dos vereadores de uma cidade, uma proposta recebeu 42% de aprovação, 48% de rejeição e 5 vereadores se abstiveram de votar. Após intensa negociação, houve uma nova votação em que 4 dos vereadores que haviam rejeitado a proposta e 3 dos que se abstiveram passaram a aprová-la. Dessa forma, a proposta foi aprovada com um percentual de:

a) 53%

b) 54%

c) 55%

d) 56%

e) 57%

145. (PUC-RJ)

Um fazendeiro comprou 5 lotes de terra iguais, pelo mesmo valor. Um ano depois ele revendeu os 5 lotes. Em dois deles, ele teve lucro de 20%; nos outros três, ele teve prejuízo de 10%.

Qual foi o lucro ou prejuízo do fazendeiro na operação completa?

a) Lucro de 10%.
b) Prejuízo de 5%.
c) Não teve lucro nem prejuízo.
d) Prejuízo de 8%.
e) Lucro de 2%.

146. (Enem PPL)

O gráfico a seguir mostra o número de pessoas que acessaram a internet, no Brasil, em qualquer ambiente (domicílios, trabalho, escolas, *lan houses* ou outros locais), nos segundos trimestres dos anos de 2009, 2010 e 2011.

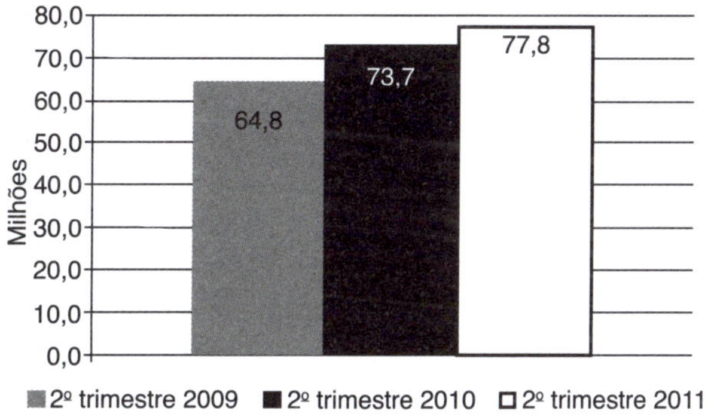

Disponível em: <www.prosadigital.com.br>. Acesso em: 28 fev. 2012.

Considerando que a taxa de crescimento do número de acessos à internet no Brasil, do segundo trimestre de 2011 para o segundo trimestre de 2012, seja igual à taxa verificada no mesmo período de 2010 para 2011, qual é, em milhões, a estimativa do número de pessoas que acessarão a internet no segundo trimestre de 2012?

a) 82,1
b) 83,3
c) 86,7
d) 93,4
e) 99,8

147. (Unesp-SP)

Uma confeitaria vendeu seus dois últimos bolos por R$ 32,00 cada. Ela teve lucro de 28% com a venda de um dos bolos, e prejuízo de 20% com a venda do outro. No total dessas vendas, a confeitaria teve

a) prejuízo de R$ 1,28.

b) lucro de R$ 2,56.

c) prejuízo de R$ 2,56.

d) lucro de R$ 5,12.

e) prejuízo de R$ 1,00.

148. (UFU-MG)

Em função dos recentes problemas de escassez de água, uma prefeitura resolveu taxar o consumo de água nas residências segundo o que segue: para um consumo mensal de até 10 m^3, é cobrado um valor fixo de R$ 32,00; para um consumo mensal superior a esse valor, é cobrado R$ 32,00, mais um acréscimo linear, proporcional a R$ 5,00 por m^3 consumido acima dos 10 m^3.

Os moradores de uma residência consumiram 8 m^3 de água em abril e, devido a um vazamento não percebido, houve uma elevação do consumo em maio. Esse consumo foi superior a 10 m^3 e elevou em 0,025% o valor efetivamente pago pelo m^3 de água em relação ao que foi pago em abril.

Elabore e execute uma resolução de maneira a determinar:

a) Qual foi o valor efetivamente pago por m^3 de água em abril.

b) Quantos m^3 de água foram consumidos em maio.

149. (UEG-GO)

Com a alta da inflação e para não repassar aos clientes o aumento dos gastos na produção de suco de laranja, um empresário decidiu que no próximo mês 10% do volume desse suco será composto por água, volume que atualmente é de apenas 4%. Se hoje são consumidos 10 000 litros de água no volume de suco de laranja produzido, mantendo-se a mesma quantidade produzida, no próximo mês a quantidade de água consumida no volume desse suco será de

a) 10 000 litros

b) 12 500 litros

c) 16 000 litros

d) 25 000 litros

150. (UFPA)

Uma solução salina a 3% deve ser combinada com uma solução salina a 7% para se obter uma solução salina a 4%. Para se obter 10 litros de solução a 4%, deve-se misturar as soluções a 3% e a 7% em quantidades em litros iguais a, respectivamente,

a) 7,5 e 2,5.
b) 7,0 e 3,0.
c) 6,5 e 3,5.
d) 6,0 e 4,0.
e) 5,0 e 4,5.

151. (EEAR-SP)

Considere esses quatro valores **x**, **y**, 3x, 2y em P.A. crescente. Se a soma dos extremos é 20, então o terceiro termo é

a) 9
b) 12
c) 15
d) 18

152. (EBMSP-BA)

Em um grupo de 100 jovens, verificou-se que:

- dos que usam óculos de grau, 12 usam aparelho ortodôntico.
- a metade dos que usam óculos de grau não usa aparelho ortodôntico.
- 70% dos que usam aparelho ortodôntico não usam óculos de grau.

Com base nessas informações, pode-se afirmar que o número de jovens que não usam óculos de grau nem aparelho ortodôntico é igual a

a) 36
b) 48
c) 62
d) 70
e) 88

153. (FGV-SP)

a) Duas lojas de roupas A e B vendem o mesmo produto com preços diferentes. Se ambas as lojas dessem um desconto para pagamento à vista, o preço com desconto da loja A seria menor que o preço com desconto da loja B? Sabe-se que na loja A o desconto foi de 10% sobre o preço à vista e na loja B, o desconto foi de 15% sobre o preço à vista. Sabe-se ainda que, na loja A, o desconto foi de R$ 40,00 e, na loja B, o desconto foi de R$ 54,00.

b) Em março de 2016, o lucro de certa empresa em relação ao de fevereiro do mesmo ano aumentou 15% e foi de R$ 4 140,00.
Se o aumento do lucro de março em relação ao de fevereiro fosse de 10%, qual teria sido o valor do lucro obtido pela empresa em março?

Respostas

Aplique o que aprendeu

Tópico 1 – Noções de conjuntos e conjuntos numéricos

1. c
2. b
3. c
4. e
5. a
6. e
7. c
8. a
9. e
10. 02 + 04 + 16 = 22
11. a
12. d
13. e
14. e
15. 01 + 04 + 08 = 13
16. c
17. e
18. d
19. 01 + 02 + 04 = 07
20. d
21. a
22. b
23. e
24. a
25. a
26. c
27. e
28. 19 latas, sendo 16 latas de sardinha e 3 de atum
29. c

Tópico 2 – Função, função afim e função quadrática

1. b
2. c
3. e
4. b
5. d
6. c
7. d
8. a
9. a
10. c
11. 01
12. b
13. a
14. 02 + 08 = 10
15. b
16. a
17. d
18. d
19. 04 + 08 = 12
20. b
21. e

Tópico 3 – Função modular

1. a) $3 - \sqrt{2}$ e $3 + \sqrt{2}$

   b) $3, 3 + \sqrt{2}, 3 - \sqrt{2}$
2. b
3. c

4. a)

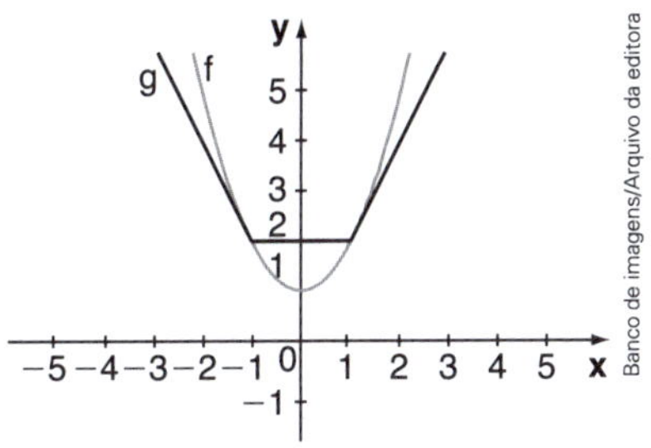

b) $S = \{x \in \mathbb{R} \mid x < -1 \text{ ou } x > 1\}$

5. $\frac{19}{3}$

6. e

7. e

8. a

9. $02 + 08 + 32 = 42$

10. b

11. −2 e 6

12. d

13. e

14. d

15. e

16. a

17. a

18. d

19. b

20. a

21. c

22. b

23. b

24. c

Tópico 4 – Função exponencial e função logarítmica

1. d

2. e

3. e

4. d

5. c

6. c

7. c

8. b

9. a

10. 60%

11. d

12. a

13. b

14. d

15. d

16. d

17. d

18. c

19. d

20. e

21. c

22. d

23. c

24. d

25. d

26. c

27. b

Tópico 5 – Progressões

1. c
2. a
3. c
4. e
5. b
6. c
7. d
8. d
9. d
10. b
11. b
12. a
13. d
14. c
15. e
16. d
17. c
18. d
19. a
20. b
21. a
22. a
23. b
24. a
25. b
26. c
27. b
28. d
29. 299
30. d
31. b

Tópico 6 – Matemática comercial e financeira

1. c
2. R$ 40 000,00
3. e
4. Aplicação **A**: R$ 384,00
   Aplicação **B**: R$ 416,00
5. b
6. a
7. c
8. 02 + 16 = 18
9. R$ 630,00
10. b
11. b
12. a
13. c
14. d
15. 01 + 04 + 08 = 13
16. c
17. b
18. b
19. b
20. d
21. a
22. a
23. c
24. d
25. c
26. c

27. 15

28. e

29. d

Tópico 7 – Semelhança, triângulos retângulos e trigonometria

1. b
2. a
3. d
4. b
5. a
6. b
7. d
8. d
9. 18,8 m
10. d
11. a
12. d
13. a
14. d
15. c
16. b
17. b
18. d
19. c
20. a) 60 m

    b) $200\sqrt{10}$ segundos
21. Demonstração
22. d

Rumo ao ensino superior

1. a
2. c
3. a)

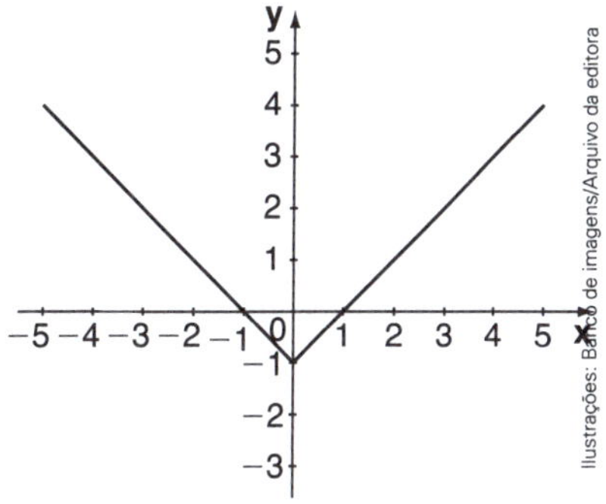

b)

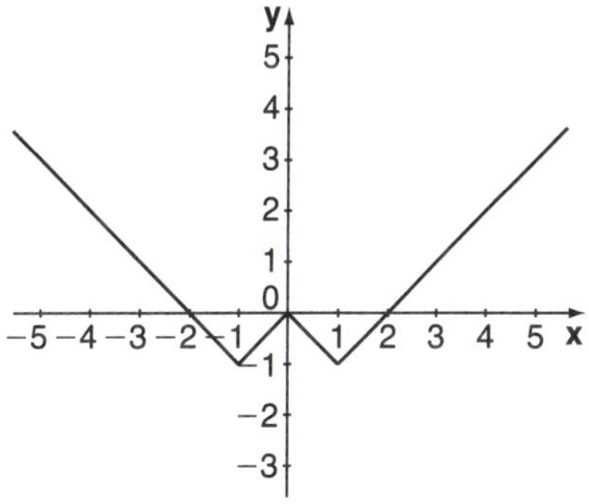

Ilustrações: Banco de imagens/Arquivo da editora

c) 7 ou −7

4. e
5. a
6. d
7. e
8. a
9. d
10. a
11. a
12. a
13. a)

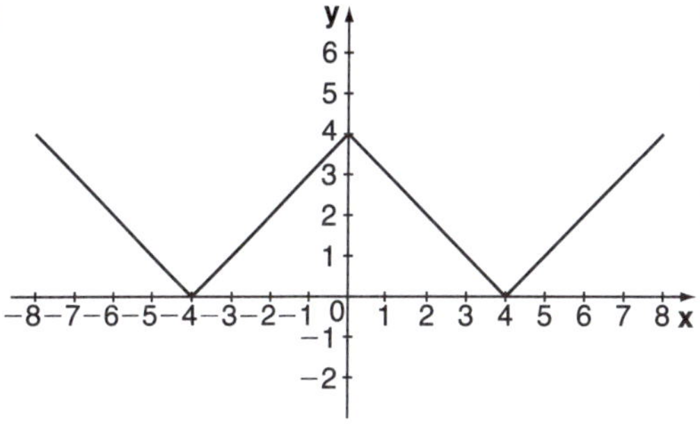

Banco de imagens/Arquivo da editora

b) $0 < a < 1$

14. a) $\theta = 45°$ ou $\theta = 36°$

b) Demonstração

15. e

16. a

17. b

18. b

19. c

20. a

21. a

22. 64, 56 e 49

23. b

24. e

25. 299

26. d

27. d

28. 48 centenas de milhares de assinantes

29. c

30. a

31. b

32. 4

33. d

34. a) Não

b) $S = \left\{a \in \mathbb{R} \;\middle|\; \frac{9}{4} \leq a \leq 4\right\}$

35. e

36. a)

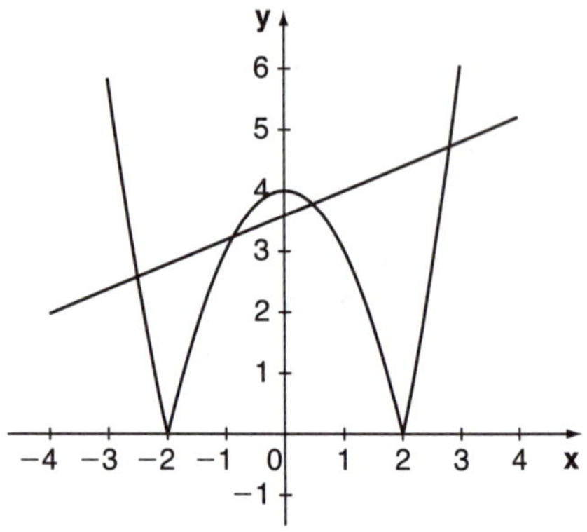

b) $S = \left\{x \in \mathbb{R} \;\middle|\; -\frac{5}{2} < x < -1 \text{ ou } \frac{1}{2} < x < 3\right\}$

37. 04 + 08 = 12

38. 01 + 02 = 03

39. a

40. a) 14

b) 28

41. b

42. c

43. b

44. d

45. a) $Im_g = \{y \in \mathbb{R} \mid y \geq 1\}$

b) $D_{f(g(x))} = \{x \in \mathbb{R} \mid x < 1 \text{ ou } x > 2\}$

46. c

47. b

48. a

49. e

50. a) $x = \dfrac{2}{3}$

b)

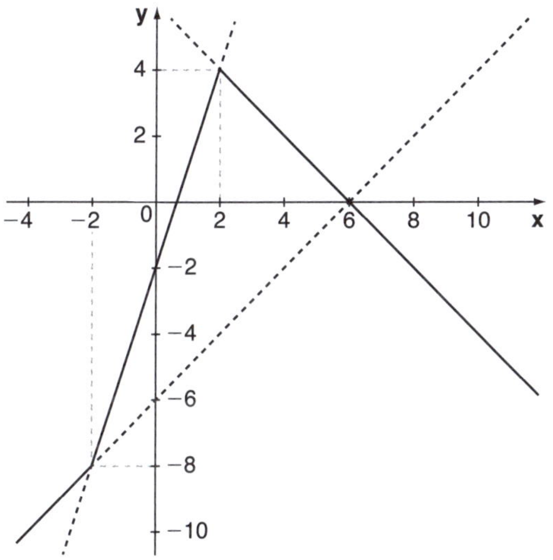

Banco de imagens/Arquivo da editora

51. b

52. d

53. d

54. e

55. 01 + 04 + 08 + 16 = 29

56. b

57. Falsa – Verdadeira – Falsa – Verdadeira

58. b

59. b

60. a) $f(g(x)) = \begin{cases} x^2 - 6x + 9, \text{ se } x \geq 1 \\ x^2 + 2x + 1, \text{ se } x < 1 \end{cases}$

$g(f(x)) = |x^2 - 4x + 3|$

b)

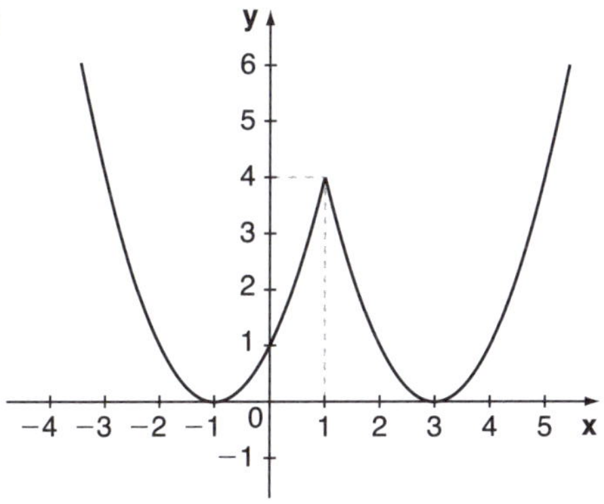

Ilustrações: Banco de imagens/Arquivo da editora

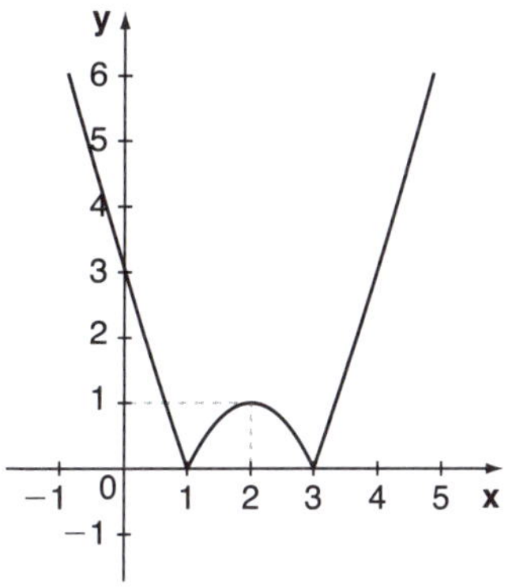

61. a

62. d

63. e

64. d

65. a) x' = 1 e x'' = −5

b)

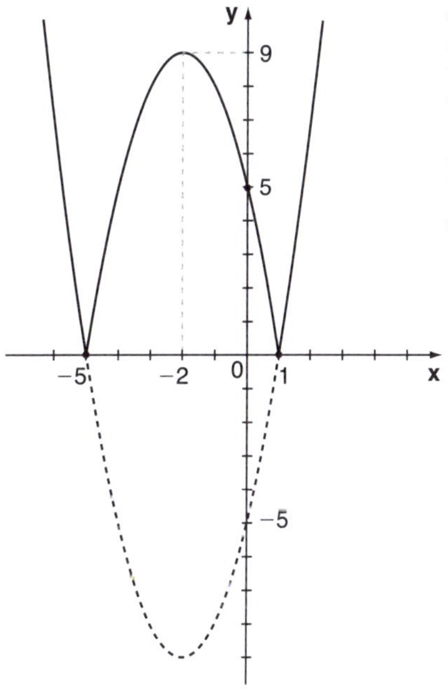

Banco de imagens/Arquivo da editora

66. d

67. a

68. d

69. c

70. b

71. c

72. a)

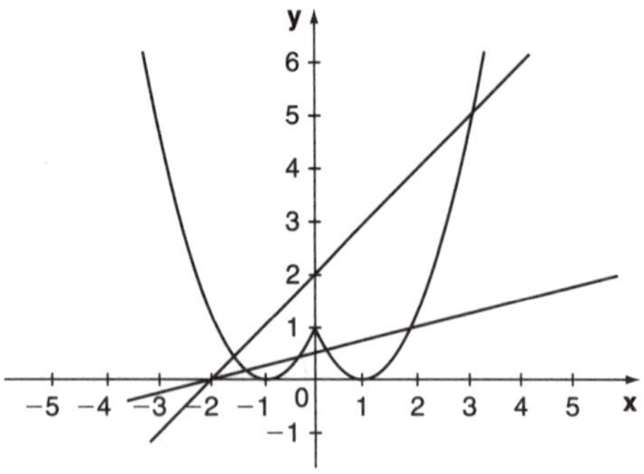

b) $\left\{0, -\dfrac{3}{2}, \dfrac{5}{2}\right\}$

c) $m = 1 \Rightarrow 3$ raízes

$m > 1 \Rightarrow 2$ raízes

$0 < m < 1 \Rightarrow 4$ raízes

73. b

74. a) $D_f = [-1, 0[\cup [1, +\infty[$

b) $\left\{\dfrac{1+\sqrt{5}}{2}\right\}$

75. d

76. a

77. e

78. c

79. d

80. c

81. a

82. a

83. c

84.

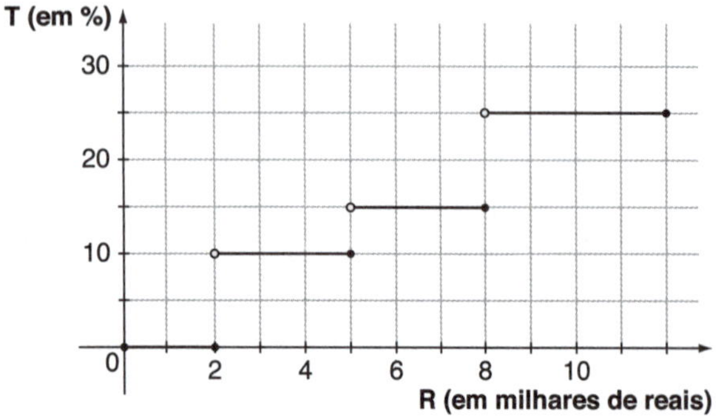

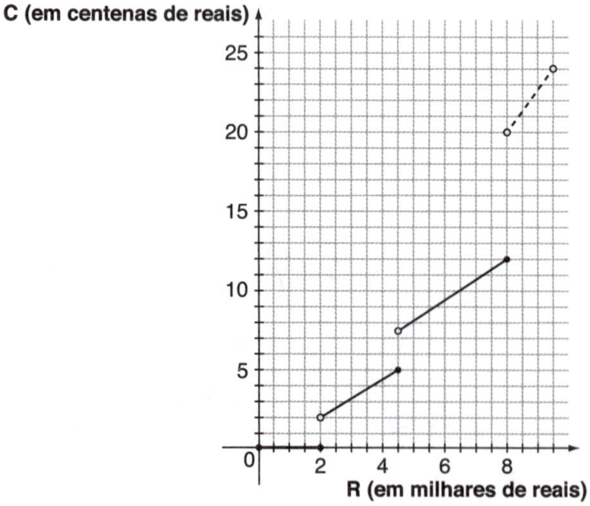

85. a) $-1 < m < 1$

b) $m = 0$

86. d

87. b

88. $02 + 04 = 06$

89. d

90. b

91. b

92. c

93. $01 + 08 + 16 = 25$

94. b

95. a

96. $02 + 04 = 06$

97. d

98. a

99. $02 + 08 = 10$

100. b

101. d

102. a

103. a) R$ 13 201,60

b) R$ 110 662,60

c) R$ 119,30

104. b

105. e

106. $x = 1$ ou $x = 3$

107. a)

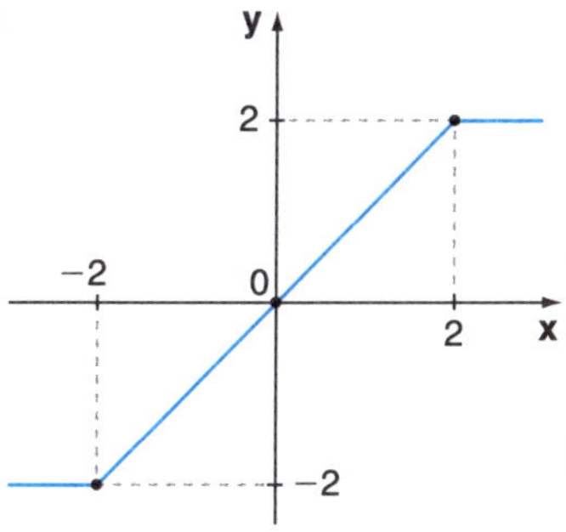

Ilustrações: Banco de imagens/Arquivo da editora

b)

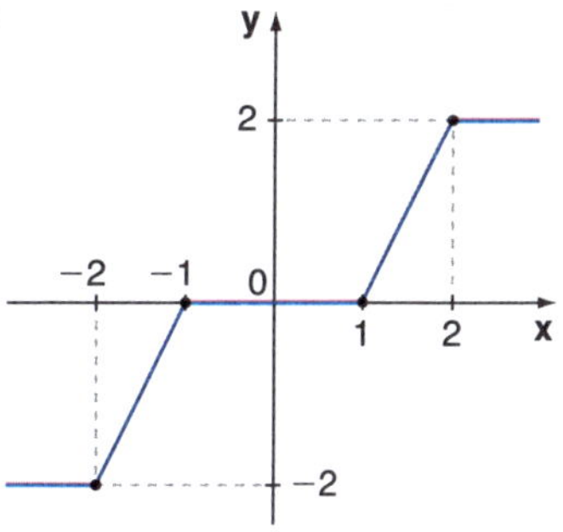

c) $-4 \leqslant x \leqslant -\frac{4}{3}$ ou $0 \leqslant x \leqslant \frac{4}{3}$ ou $x \geqslant 4$

108. $04 + 08 = 12$

109. 0,2

110. c

111. c

112. c

113. 2 h 42 min 30 s

114. 12 dias

115. d

116. d

117. c

118. d

119. a)

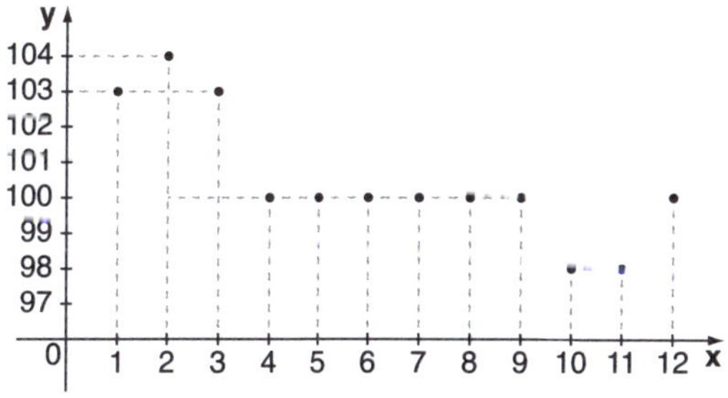

Banco de imagens/Arquivo da editora

b) 100,5

120. d

121. b

122. c

123. e

124. e

125. d

126. a) 120°

b) $\dfrac{10\sqrt{3}}{3}$

c) $5 + \dfrac{25\sqrt{3}}{6}$

127. e

128. a) 3,4 kg

b) $P = 0{,}05n^2 - 1{,}65n + 90$

129. c

130. d

131. d

132. b

133. c

134. b

135. a) $S = \left\{-\dfrac{9}{2}, \dfrac{3}{2}\right\}$

b) 3

c) $S = \left\{\dfrac{7}{3}, -4\right\}$

136. c

137. a

138. b

139. 01 + 04 + 08 + 16 = 29

140. e

141. c

142. c

143. e

144. d

145. e

146. a

147. e

148. a) R$ 4,00

b) 18 m^3

149. d

150. a

151. b

152. b

153. a) O preço na loja **A** é maior do que na loja **B**.

b) R$ 3 960,00

Significado das siglas dos vestibulares

Acafe-SC: Associação Catarinense das Fundações Educacionais (Santa Catarina)

Cefet-MG: Centro Federal de Educação Tecnológica de Minas Gerais

Cefet-RJ: Centro Federal de Educação Tecnológica (Rio de Janeiro)

Cesgranrio-RJ: Centro de Seleção de Candidatos ao Ensino Superior do Grande Rio (Rio de Janeiro)

CPII-RJ: Colégio Pedro II (Rio de Janeiro)

EBMSP-BA: Escola Bahiana de Medicina e Saúde Pública (Bahia)

EEAR-SP: Escola de Especialistas de Aeronáutica (São Paulo)

EFOMM-RJ Escola de Formação de Oficiais da Marinha Mercante (Rio de Janeiro)

Enem: Exame Nacional do Ensino Médio

Epcar-MG: Escola Preparatória de Cadetes do Ar (Minas Gerais)

Escola Naval (Rio de Janeiro)

EsPCEx-SP: Escola Preparatória de Cadetes do Exército (São Paulo)

ESPM-RS: Escola Superior de Propaganda e Marketing (Rio Grande do Sul)

ESPM-SP: Escola Superior de Propaganda e Marketing (São Paulo)

Famerp-SP: Faculdade de Medicina de São José do Rio Preto (São Paulo)

Fames-RS: Faculdade Metodista de Santa Maria (Rio Grande do Sul)

Fatec-SP: Faculdade de Tecnologia (São Paulo)

Feevale-RS: Universidade Feevale (Novo Hamburgo, Rio Grande do Sul)

FEI-SP: Centro Universitário da Faculdade de Engenharia Industrial (São Paulo)

FGV-SP: Fundação Getúlio Vargas (São Paulo)

FMP-RJ: Faculdade de Medicina de Petrópolis (Rio de Janeiro)

Fuvest-SP: Fundação Universitária para o Vestibular (São Paulo)

Ibmec-RJ/Ibmec-SP: Faculdades do Instituto Brasileiro de Mercado de Capitais

Ifal: Instituto Federal de Alagoas

IFCE: Instituto Federal de Educação, Ciência e Tecnologia do Ceará

Ifes: Instituto Federal de Educação, Ciência e Tecnologia do Espírito Santo

IFMG: Instituto Federal de Educação, Ciência e Tecnologia de Minas Gerais

IFPE: Instituto Federal de Educação, Ciência e Tecnologia de Pernambuco

IFSC: Instituto Federal de Educação, Ciência e Tecnologia de Santa Catarina

IFSP: Instituto Federal de Educação, Ciência e Tecnologia de São Paulo

Ifsul-RS: Instituto Federal de Educação, Ciência e Tecnologia Sul-Rio-Grandense (Rio Grande do Sul)

Imed: Faculdade Meridional (Rio Grande do Sul)

IME-RJ: Instituto Militar de Engenharia (Rio de Janeiro)

Imes-SP: Centro Universitário Municipal de São Caetano do Sul (São Paulo)

Insper-SP: Instituto de Ensino e Pesquisa (São Paulo)

ITA-SP: Instituto Tecnológico de Aeronáutica (São Paulo)

PUC-MG: Pontifícia Universidade Católica de Minas Gerais

PUC-PR: Pontifícia Universidade Católica do Paraná

PUC-RJ: Pontifícia Universidade Católica do Rio de Janeiro

PUC-RS: Pontifícia Universidade Católica do Rio Grande do Sul

PUC-SP: Pontifícia Universidade Católica de São Paulo

Udesc: Universidade do Estado de Santa Catarina

UEA-AM: Universidade do Estado do Amazonas

Uece: Universidade Estadual do Ceará

UEFS-BA: Universidade Estadual de Feira de Santana (Bahia)

UEG-GO: Universidade Estadual de Goiás

UEL-PR: Universidade Estadual de Londrina (Paraná)

Uema: Universidade Estadual do Maranhão

UEMG: Universidade Estadual de Minas Gerais

UEM-PR: Universidade Estadual de Maringá (Paraná)

UEMT: Universidade do Estado de Mato Grosso

Uepa: Universidade do Estado do Pará

UEPB: Universidade Estadual da Paraíba

UEPG-PR: Universidade Estadual de Ponta Grossa (Paraná)

Uerj: Universidade do Estado do Rio de Janeiro

Uern: Universidade do Estado do Rio Grande do Norte

Uesb-BA: Universidade Estadual do Sudoeste da Bahia

Uesc-BA: Universidade Estadual de Santa Cruz (Bahia)

Ufal: Universidade Federal de Alagoas

UFBA: Universidade Federal da Bahia

UFC-CE: Universidade Federal do Ceará

Ufes: Universidade Federal do Espírito Santo

UFG-GO: Universidade Federal de Goiás

UFJF-MG: Universidade Federal de Juiz de Fora (Minas Gerais)

UFMG: Universidade Federal de Minas Gerais

UFPA: Universidade Federal do Pará

UFPE: Universidade Federal de Pernambuco

UFPR: Universidade Federal do Paraná

UFRGS-RS: Universidade Federal do Rio Grande do Sul

UFRJ: Universidade Federal do Rio de Janeiro

UFRN: Universidade Federal do Rio Grande do Norte

UFRRJ: Universidade Federal Rural do Rio de Janeiro

UFSC: Universidade Federal de Santa Catarina

Ufscar-SP: Universidade Federal de São Carlos (São Paulo)

UFSJ-MG: Universidade Federal de São João del-Rei (Minas Gerais)

UFSM-RS: Universidade Federal de Santa Maria (Rio Grande do Sul)

UFT-TO: Universidade Federal do Tocantins

UFU-MG: Universidade Federal de Uberlândia (Minas Gerais)

UFV-MG: Universidade Federal de Viçosa (Minas Gerais)

UGF-RJ: Universidade Gama Filho (Rio de Janeiro)

UnB-DF: Universidade de Brasília (Distrito Federal)

Uneb-BA: Universidade do Estado da Bahia

Unesp-SP: Universidade Estadual Paulista "Júlio de Mesquita Filho" (São Paulo)

Uniaraxá: Centro Universitário do Planalto de Araxá (Minas Gerais)

Unicamp-SP: Universidade Estadual de Campinas (São Paulo)

Unioeste-PR: Universidade Estadual do Oeste do Paraná

Unirio-RJ: Universidade Federal do Rio de Janeiro

Unisc-RS: Universidade de Santa Cruz do Sul (Rio Grande do Sul)

Unitau-SP: Universidade de Taubaté (São Paulo)

Universitas-MG: Centro Universitário Itajubá (Minas Gerais)

UPE: Universidade de Pernambuco

UPF-RS: Universidade de Passo Fundo (Rio Grande do Sul)

UPM-SP: Universidade Presbiteriana Mackenzie (São Paulo)

USF-SP: Universidade São Francisco (São Paulo)

Vunesp: Fundação para o Vestibular da Unesp (São Paulo)